建筑施工特种作业人员安全技术考核培训教材

塔式起重机司机

住房和城乡建设部工程质量安全监管司　组织编写

中国建筑工业出版社

图书在版编目（CIP）数据

塔式起重机司机/住房和城乡建设部工程质量安全监管司组织编写. —北京：中国建筑工业出版社，2009（2021.3 重印）
建筑施工特种作业人员安全技术考核培训教材
ISBN 978-7-112-11282-1

Ⅰ. 塔… Ⅱ. 住… Ⅲ. 塔式起重机-安全技术-技术培训-教材 Ⅳ. TH213.308

中国版本图书馆 CIP 数据核字（2009）第 167078 号

建筑施工特种作业人员安全技术考核培训教材
塔式起重机司机
住房和城乡建设部工程质量安全监管司　组织编写
*
中国建筑工业出版社出版、发行（北京西郊百万庄）
各地新华书店、建筑书店经销
北京红光制版公司制版
北京同文印刷有限责任公司印刷
*

开本：850×1168毫米　1/32　印张：9⅛　字数：262千字
2009年12月第一版　2021年3月第二十三次印刷
定价：**22.00**元
ISBN 978-7-112-11282-1
(18595)

版权所有　翻印必究
如有印装质量问题，可寄本社退换
（邮政编码　100037）

本书作为针对建筑施工特种作业人员之一塔式起重机司机的培训教材，紧紧围绕《建筑施工特种作业人员管理规定》、《建筑施工特种作业人员安全技术考核大纲（试行）》、《建筑施工特种作业人员安全操作技能考核标准（试行）》等相关规定，对塔式起重机司机必须掌握的安全技术知识和技能进行讲解，全书共7章，包括：基础理论知识、塔式起重机概述、塔式起重机的技术条件、塔式起重机的安全操作、塔式起重机主要零部件、塔式起重机维护保养和常见故障、塔式起重机常见事故与案例。本书针对塔式起重机司机的特点，本着科学、实用、适用的原则，内容深入浅出，语言通俗易懂，形式图文并茂，系统性、权威性、可操作性强。

本书既可作为塔式起重机司机的培训教材，也可作为塔式起重机司机常备参考书和自学用书。

* * *

责任编辑：刘　江　范业庶
责任设计：赵明霞
责任校对：袁艳玲　陈晶晶

《建筑施工特种作业人员安全技术考核培训教材》编写委员会

主　任：吴慧娟

副主任：王树平

编写组成员：（以姓氏笔画排名）

王　乔	王　岷	王　宪	王天祥	王曰浩
王英姿	王钟玉	王维佳	邓　谦	邓丽华
白森懋	包世洪	邢桂侠	朱万康	刘　锦
庄幼敏	汤坤林	孙文力	孙锦强	毕承明
毕监航	严　训	李　印	李光晨	李建国
李绘新	杨　勇	杨友根	吴玉峰	吴成华
邱志青	余大伟	邹积军	汪洪星	宋回波
张英明	张嘉洁	陈兆铭	邵长利	周克家
胡其勇	施仁华	施雯钰	姜玉东	贾国瑜
高　明	高士兴	高新武	唐涵义	崔　林
崔玲玉	程　舒	程史扬		

前　言

建筑施工特种作业人员是指在房屋建筑和市政工程施工活动中，从事可能对本人、他人及周围设备设施的安全造成重大危害作业的人员。《建设工程安全生产管理条例》第二十五条规定："垂直运输机械作业人员、安装拆卸工、爆破作业人员、起重信号工、登高架设作业人员等特种作业人员，必须按照国家有关规定经过专门的安全作业培训，并取得特种作业操作资格证书后，方可上岗作业"，《安全生产许可证条例》第六条规定："特种作业人员经有关业务主管部门考核合格，取得特种作业操作资格证书"。

当前，建筑施工特种作业人员的培训考核工作还缺乏一套具有权威性、针对性和实用性的教材。为此，根据住房城乡建设部颁布的《建筑施工特种作业人员管理规定》和《建筑施工特种作业人员安全技术考核大纲（试行）》、《建筑施工特种作业人员安全操作技能考核标准（试行）》的有关要求，我们组织编写了《建筑施工特种作业人员安全技术考核培训教材》系列丛书，旨在进一步规范建筑施工特种作业人员安全技术培训考核工作，帮助广大建筑施工特种作业人员更好地理解和掌握建筑安全技术理论和实际操作安全技能，全面提高建筑施工特种作业人员的知识水平和实际操作能力。

本套丛书共12册，适用于建筑电工、建筑架子工、建筑起重司索信号工、建筑起重机械司机、建筑起重机械安装拆卸工和高处作业吊篮安装拆卸工等建筑施工特种作业人员安全技术考核培训。本套丛书针对建筑施工特种作业人员的特点，本着科学、实用、适用的原则，内容深入浅出，语言通俗易懂，形式图文并茂，可操作性强。

本教材的编写得到了山东省建筑工程管理局、上海市城乡建设和交通委员会、山东省建筑施工安全监督站、青岛市建筑施工安全监督站、潍坊市建筑工程管理局、滨州市建筑工程管理局、济南市工程质量与安全生产监督站、山东省建筑安全与设备管理协会、上海市建设安全协会、山东建筑科学研究院、上海市建工设计研究院有限公司、上海市建设机械检测中心、威海建设集团股份有限公司、上海市建工（集团）总公司、上海市机施教育培训中心、潍坊昌大建设集团有限公司、山东天元建设集团有限公司等单位的大力支持，在此表示感谢。

由于编写时间较为紧张，难免存在错误和不足之处，希望给予批评指正。

住房和城乡建设部工程质量安全监管司
二〇〇九年十一月

目 录

1 基础理论知识 …………………………………………………… 1
 1.1 力学基本知识 ……………………………………………… 1
  1.1.1 力学基本概念 ………………………………………… 1
  1.1.2 重心和吊点位置的选择 ……………………………… 3
  1.1.3 物体质量、重力的计算 ……………………………… 5
 1.2 电工学基础 ………………………………………………… 10
  1.2.1 基本概念 ……………………………………………… 10
  1.2.2 三相异步电动机 ……………………………………… 15
  1.2.3 低压电器 ……………………………………………… 19
 1.3 机械基础知识 ……………………………………………… 23
  1.3.1 机械基础概述 ………………………………………… 23
  1.3.2 机械传动 ……………………………………………… 26
  1.3.3 轴系零部件 …………………………………………… 39
  1.3.4 螺栓联接和销联接 …………………………………… 47
 1.4 液压传动知识 ……………………………………………… 49
  1.4.1 液压传动的基本原理 ………………………………… 49
  1.4.2 液压传动系统的组成 ………………………………… 50
  1.4.3 液压油的特性及选用 ………………………………… 51
  1.4.4 液压系统主要元件 …………………………………… 51

2 塔式起重机概述 ………………………………………………… 62
 2.1 塔式起重机的类型和特点 ………………………………… 62
  2.1.1 塔式起重机的概述 …………………………………… 62

2.1.2　塔式起重机的分类及特点 ································ 64
　2.2　塔式起重机的性能参数 ·· 67
　　2.2.1　起重力矩 ·· 67
　　2.2.2　起重量 ··· 68
　　2.2.3　幅度 ·· 69
　　2.2.4　起升高度 ·· 69
　　2.2.5　工作速度 ·· 69
　　2.2.6　尾部尺寸 ·· 70
　　2.2.7　结构重量 ·· 70
　2.3　塔式起重机的结构组成及工作原理 ························ 70
　　2.3.1　塔式起重机的组成 ·· 70
　　2.3.2　塔式起重机的金属结构 ··································· 71
　　2.3.3　塔式起重机的工作机构 ··································· 79
　　2.3.4　电气系统 ·· 87
　2.4　塔式起重机的安全装置 ·· 89
　　2.4.1　安全装置的类型 ·· 89
　　2.4.2　主要安全装置的构造和工作原理 ························ 91

3　塔式起重机的技术条件 ·· 104
　3.1　塔式起重机的技术条件 ·· 104
　　3.1.1　塔式起重机的技术要求 ··································· 104
　　3.1.2　塔式起重机基础的技术条件 ······························ 105
　　3.1.3　塔式起重机拆装作业的技术要求 ························ 109
　　3.1.4　安全距离 ·· 111
　　3.1.5　塔式起重机使用的技术要求 ······························ 113
　3.2　塔式起重机安全防护装置的调试与维护 ··················· 119
　　3.2.1　限制器的调试和维护保养 ································· 119
　　3.2.2　限位装置的调试和维护保养 ······························ 123

3.2.3 其他安全装置的维护保养 ……………………… 126
3.3 塔式起重机的检验 …………………………………… 126
  3.3.1 型式检验 …………………………………… 127
  3.3.2 出厂检验 …………………………………… 127
  3.3.3 安装检验 …………………………………… 127
  3.3.4 塔式起重机性能试验 ……………………… 128
  3.3.5 塔式起重机安全装置的试验 ……………… 131

4 塔式起重机的安全操作 …………………………… 135
4.1 塔式起重机使用管理制度 ………………………… 135
  4.1.1 交接班制度 ………………………………… 135
  4.1.2 三定制度 …………………………………… 137
  4.1.3 机长职责 …………………………………… 137
  4.1.4 塔式起重机司机岗位职责 ………………… 138
4.2 起重吊运指挥信号 ………………………………… 138
  4.2.1 手势信号 …………………………………… 139
  4.2.2 旗语信号 …………………………………… 139
  4.2.3 音响信号 …………………………………… 139
  4.2.4 起重吊运指挥语言 ………………………… 140
  4.2.5 起重机驾驶员使用的音响信号 …………… 140
4.3 塔式起重机的操作 ………………………………… 141
  4.3.1 控制台的操作 ……………………………… 141
  4.3.2 操作实例 …………………………………… 143
4.4 塔式起重机的安全操作规程 ……………………… 147
  4.4.1 塔式起重机司机应具备的条件 …………… 147
  4.4.2 操作前的安全检查 ………………………… 148
  4.4.3 塔式起重机安全操作 ……………………… 150

5 塔式起重机主要零部件 ………………………… 155
5.1 钢丝绳 ………………………………………… 155
5.1.1 钢丝绳的分类和标记 ……………………… 155
5.1.2 钢丝绳的选用 ……………………………… 159
5.1.3 钢丝绳的穿绕与固定 ……………………… 161
5.1.4 钢丝绳的润滑 ……………………………… 164
5.1.5 钢丝绳的检查和报废 ……………………… 164

5.2 吊钩 …………………………………………… 176
5.2.1 吊钩的种类 ………………………………… 176
5.2.2 吊钩的安全技术要求 ……………………… 177
5.2.3 吊钩的报废 ………………………………… 178

5.3 卷筒 …………………………………………… 179
5.3.1 卷筒的种类 ………………………………… 179
5.3.2 卷筒的结构 ………………………………… 180
5.3.3 钢丝绳在卷筒上的固定 …………………… 180
5.3.4 卷筒安全使用要求 ………………………… 181
5.3.5 卷筒的报废 ………………………………… 182

5.4 滑轮和滑轮组 ………………………………… 182
5.4.1 滑轮的分类与作用 ………………………… 182
5.4.2 滑轮的构造 ………………………………… 182
5.4.3 滑轮组 ……………………………………… 184
5.4.4 滑轮的报废 ………………………………… 185

5.5 制动器 ………………………………………… 186
5.5.1 制动器的分类 ……………………………… 186
5.5.2 制动器的作用 ……………………………… 188
5.5.3 制动器的检查 ……………………………… 188
5.5.4 制动器的报废 ……………………………… 189

5.6 吊具索具 ……………………………………… 189

5.6.1　卸扣 ………………………………………… 189
　5.6.2　吊索 ………………………………………… 191
　5.6.3　捯链 ………………………………………… 194
5.7　高强度螺栓 ……………………………………… 195
　5.7.1　高强度螺栓的等级和分类 …………………… 195
　5.7.2　高强度螺栓的预紧力 ………………………… 196
　5.7.3　高强度螺栓的安装使用 ……………………… 198

6　塔式起重机维护保养和常见故障 ………………… 199
6.1　塔式起重机的维护保养 …………………………… 199
　6.1.1　塔式起重机维护保养的意义 …………………… 199
　6.1.2　塔式起重机的维护保养分类 …………………… 200
　6.1.3　塔式起重机的维护保养的内容 ………………… 200
6.2　塔式起重机常见故障的判断及处置 ……………… 209
　6.2.1　机械故障的判断及处置 ………………………… 210
　6.2.2　电气故障的判断及处置 ………………………… 214

7　塔式起重机常见事故与案例 ……………………… 218
7.1　塔式起重机常见事故 ……………………………… 218
　7.1.1　塔式起重机常见的事故类型 …………………… 218
　7.1.2　塔式起重机事故的主要原因 …………………… 219
7.2　事故预防措施 ……………………………………… 221
　7.2.1　塔式起重机购置租赁 …………………………… 221
　7.2.2　塔式起重机拆装队伍选用 ……………………… 221
　7.2.3　作业人员培训考核 ……………………………… 222
　7.2.4　技术管理 ………………………………………… 222
　7.2.5　检查验收 ………………………………………… 223
7.3　事故案例分析 ……………………………………… 223

  7.3.1 塔式起重机超载倾斜事故案例 ·················· 223
  7.3.2 起重钢丝绳断裂事故案例 ······················ 224
  7.3.3 起重臂脱落事故案例 ·························· 225
  7.3.4 违章使用塔式起重机倾翻事故案例 ·············· 225
  7.3.5 违规安装塔式起重机倾翻事故案例 ·············· 226
  7.3.6 违章斜吊作业事故案例 ························ 228
  7.3.7 违规使用塔式起重机触电事故案例 ·············· 228

附录 A 塔式起重机安装自检记录 ························· 230
附录 B 塔式起重机载荷试验记录表 ······················· 234
附录 C 塔式起重机综合验收表 ··························· 235
附录 D (资料性附录) 风力等级、风速与风压对照表 ····· 237
附录 E 钢丝绳可能出现的缺陷的典型示例 ················· 238
附录 F 起重吊运指挥信号 ······························· 245
附录 G 建筑起重机械司机 (塔式起重机) 安全
    技术考核大纲 (试行) ························· 271
附录 H 建筑起重机械司机 (塔式起重机) 安全操作
    技能考核标准 (试行) ························· 273

参考文献 ··· 279

1 基础理论知识

1.1 力学基本知识

1.1.1 力学基本概念

（1）力的概念

力是一个物体对另一个物体的作用，它包括了两个物体，一个叫受力物体，另一个叫施力物体，其效果是使物体的运动状态发生变化，或使物体变形。

力使物体运动状态发生变化的效应称为力的外效应，使物体产生变形的效应称为力的内效应。力是物体间的相互机械作用，力不能脱离物体而独立存在。

（2）力的三要素

力的大小表明物体间作用力的强弱程度；力的方向表明在该力的作用下，静止的物体开始运动的方向，作用力的方向不同，物体运动的方向也不同；力的作用点是物体上直接受力作用的点。在力学中，把"力的大小、方向和作用点"称为力的三个要素。

如图 1-1 所示，用手拉伸弹簧，用的力越大，弹簧拉得越长，这表明力产生的效果跟力的大小有关系；用同样大小的力拉弹簧和压弹簧，拉的时候弹簧伸长、压的时候弹簧缩短，说明力的作用效果跟力的作用方向有关系。如图 1-2 所示，用扳手拧螺母，手握在扳手手柄的 A 点比 B 点省力，所以力的作用效果与力的方向和力的作用点有关。三要素中任何一个要素改变，都会使力的作用效果改变。

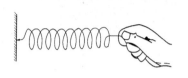

图 1-1 手拉弹簧　　　　图 1-2 用扳手拧螺母

（3）力的单位

在国际计量单位制中，力的单位用牛顿或千牛顿，简写为牛（N）或千牛（kN）。工程上曾习惯采用公斤力、千克力（kgf）和吨力（tf）来表示。它们之间的换算关系为：

1 牛顿(N)＝0.102 公斤力(kgf)

1 吨力(tf)＝1000 公斤力(kgf)

1 千克力(kgf)＝1 公斤力(kgf)＝9.807 牛(N)≈10 牛(N)

（4）力的合成与分解

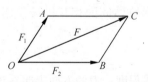

图 1-3 平行四边形法则

力是矢量，力的合成与分解都遵从平行四边形法则，如图 1-3 所示。

平行四边形法则实质上是一种等效替换的方法。一个矢量（合矢量）的作用效果和另外几个矢量（分矢量）共同作用的效果相同，就可以用这一个矢量代替那几个矢量，也可以用那几个矢量代替这一个矢量，而不改变原来的作用效果。

在分析同一个问题时，合矢量和分矢量不能同时使用。也就是说，在分析问题时，考虑了合矢量就不能再考虑分矢量；考虑了分矢量就不能再考虑合矢量。

(5) 力的平衡

作用在物体上几个力的合力为零,这种情形叫做力的平衡。

在起重吊装作业中,因力的不平衡可能造成被吊运物体的翻转、失控、倾覆,只有被吊运物体上的力保持平衡,才能保证物体处于静止或匀速运动状态,才能保持被吊物体稳定。

1.1.2 重心和吊点位置的选择

(1) 重心

重心是物体所受重力的合力的作用点,物体的重心位置由物体的几何形状和物体各部分的质量分布情况来决定。质量分布均匀、形状规则的物体的重心在其几何中心。物体的重心可能在物体的形体之内,也可能在物体的形体之外。

1) 物体的形状改变,其重心位置可能不变。如一个质量分布均匀的立方体,其重心位于几何中心。当该立方体变为一长方体后,其重心仍然在其几何中心;当一杯水倒入一个弯曲的玻璃管中,其重心就发生了变化。

2) 物体的重心相对物体的位置是一定的,它不会随物体放置的位置改变而改变。

(2) 重心的确定

1) 材质均匀、形状规则的物体的重心位置容易确定,如均匀的直棒,它的重心在它的中心点上,均匀球体的重心就是它的球心,直圆柱的重心在它的圆柱轴线的中点上。

2) 对形状复杂的物体,可以用悬挂法求出它们的重心。如图 1-4 所示,方法是在物体上任意找一点 A,用绳子把它悬挂起来,物体的重力和悬索的拉力必定在同一条直线上,也就是重心必定在通过 A 点所作的竖直线 AD 上;再取任一点 B,同样把物体悬挂起来,重心必定在通过 B 点所作的竖直线 BE 上。这两

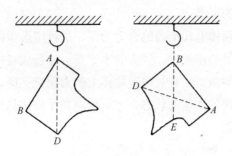

图 1-4 悬挂法求形状不规则物体的重心

条直线的交点，就是该物体的重心。

(3) 吊点位置的选择

在起重作业中，应当根据被吊物体来选择吊点位置，吊点位置选择不当就会造成绳索受力不均，甚至发生被吊物体转动、倾翻的危险。吊点位置的选择，一般按下列原则进行：

1) 吊运各种设备、构件时，要用原设计的吊耳或吊环。

2) 吊运各种设备、构件时，如果没有吊耳或吊环，可在设备四个端点上捆绑吊索，然后根据设备具体情况，选择吊点，使吊点与重心在同一条垂线上。但有些设备虽然未设吊耳或吊环，如各种罐类以及重要设备，却往往有吊点标记，应仔细检查。

3) 吊运方形物体时，四根绳应拴在物体的四边对称点上。

4) 吊装细长物体时，如桩、钢筋、钢柱、钢梁等杆件，应按计算确定的吊点位置绑扎绳索，吊点位置的确定有以下几种情况：

①一个吊点：起吊点位置应设在距起吊端 $0.3L$（L 为物体的长度）处。如钢管长度为 10m，则捆绑位置应设在钢管起吊端距端部 $10×0.3=3m$ 处，如图 1-5 (a) 所示。

②两个吊点：如起吊用两个吊点，则两个吊点应分别距物体两端 $0.21L$ 处。如果物体长度为 10m，则吊点位置为 $10×0.21=2.1m$，如图 1-5 (b) 所示。

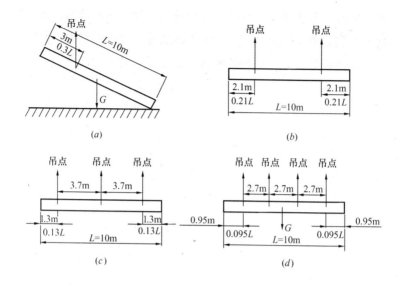

图 1-5 吊点位置选择示意图
(a) 单个吊点；(b) 两个吊点；(c) 三个吊点；(d) 四个吊点

③三个吊点：如物体较长，为减少起吊时物体所产生的应力，可采用三个吊点。三个吊点位置确定的方法是，首先用 $0.13L$ 确定出两端的两个吊点位置，然后把两吊点间的距离等分，即得第三个吊点的位置，也就是中间吊点的位置。如杆件长 10m，则两端吊点位置为 $10×0.13=1.3$m，如图 1-5（c）所示。

④四个吊点：选择四个吊点，首先用 $0.095L$ 确定出两端的两个吊点位置，然后再把两吊点间的距离进行三等分，即得中间两吊点位置。如杆件长 10m，则两端吊点位置分别距两端 $10×0.095=0.95$m，中间两吊点位置分别距两端 $10×0.095+10×(1-0.095×2)/3$，如图 1-5（d）所示。

1.1.3 物体质量、重力的计算

质量表示物体所含物质的多少，是由物体的体积和材料密度所决定的；重力是表示物体所受地球引力的大小，是由物体的体积和材料的重度所决定的。为了正确的计算物体的重力，必须掌握物体体积的计算方法和各种材料密度等有关知识。

（1）长度的量度

工程上常用的长度基本单位是毫米（mm）、厘米（cm）和米（m）。它们之间的换算关系是 1m＝100cm＝1000mm。

（2）面积的计算

物体体积的大小与它本身截面积的大小成正比。各种规则几何图形的面积计算公式见表 1-1。

平面几何图形面积计算公式表　　　　表 1-1

名　称	图　形	面积计算公式
正方形	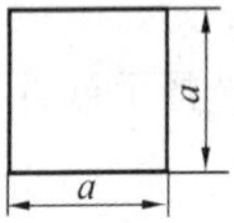	$S=a^2$
长方形	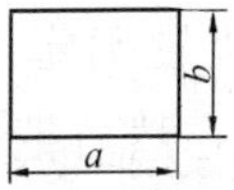	$S=ab$
平行四边形	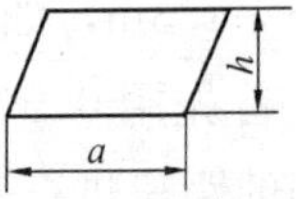	$S=ah$
三角形	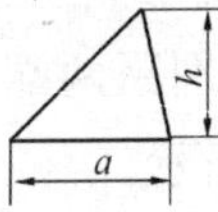	$S=\dfrac{1}{2}ah$
梯　形	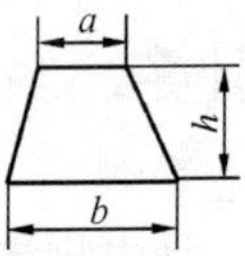	$S=\dfrac{(a+b)h}{2}$

续表

名 称	图 形	面积计算公式
圆形		$S = \dfrac{\pi}{4}d^2$（或 $S = \pi R^2$） 式中 d——圆直径； R——圆半径
圆环形		$S = \dfrac{\pi}{4}(D^2 - d^2) = \pi(R^2 - r^2)$ 式中 d、D——内、外圆环直径； r、R——内、外圆环半径
扇形		$S = \dfrac{\pi R^2 \alpha}{360}$ 式中 α——圆心角（度）

（3）物体体积的计算

对于简单规则的几何形体的体积，可按表 1-2 中的计算公式计算。对于复杂的物体体积，可将其分解成数个规则的或近似的几何形体，求其体积的总和。

各种几何形体体积计算公式表　　表 1-2

名 称	图 形	公 式
立方体		$V = a^3$
长方体		$V = abc$

续表

名称	图　形	公　式
圆柱体		$V = \dfrac{\pi}{4}d^2h = \pi R^2 h$ 式中　R——半径
空心圆柱体		$V = \dfrac{\pi}{4}(D^2 - d^2)h = \pi(R^2 - r^2)h$ 式中　r、R——内、外半径
斜截正圆柱体		$V = \dfrac{\pi}{4}d^2 \dfrac{(h_1 + h)}{2} = \pi R^2 \dfrac{(h_1 + h)}{2}$ 式中　R——半径
球体		$V = \dfrac{4}{3}\pi R^3 = \dfrac{1}{6}\pi d^3$ 式中　R——底圆半径； 　　　d——底圆直径
圆锥体		$V = \dfrac{1}{12}\pi d^2 h = \dfrac{\pi}{3} R^2 h$ 式中　R——底圆半径； 　　　d——底圆直径

续表

名　称	图　形	公　式
任意三棱体		$V = \frac{1}{2}bhl$ 式中　b——边长； 　　　h——高； 　　　l——三棱体长
截头方锥体		$V = \frac{h}{6} \times [(2a+a_1)b + (2a_1+a)b_1]$ 式中　a、a_1——上下边长； 　　　b、b_1——上下边宽； 　　　h——高
正六角棱柱体		$V = \frac{3\sqrt{3}}{2}b^2h$ $V = 2.598b^2h = 2.6b^2h$ 式中　b——底边长

(4) 物体质量、重力的计算

在物理学中，把某种物质单位体积的质量叫做这种物质的密度，其单位是 kg/m^3。各种常用物质的密度见表1-3。

各种常用物质的密度表　　　　表1-3

物体材料	密度（$\times 10^3 kg/m^3$）	物体材料	密度（$\times 10^3 kg/m^3$）
水	1.0	混凝土	2.4
钢	7.85	碎　石	1.6
铸铁	7.2～7.5	水　泥	0.9～1.6
铸铜、镍	8.6～8.9	砖	1.4～2.0
铝	2.7	煤	0.6～0.8
铅	11.34	焦　炭	0.35～0.53
铁矿	1.5～2.5	石灰石	1.2～1.5
木材	0.5～0.7	造型砂	0.8～1.3

物体的质量、重力可根据下式计算：

物体的质量＝物体的密度×物体的体积，见式（1-1）。

$$m = \rho V \tag{1-1}$$

式中 m——物体的质量（kg）；

ρ——物体的材料密度（kg/m³）；

V——物体的体积（m³）。

物体的重力 $G = mg$

式中 g——质量为1kg的物体所受到的重力，大小为10N。

【例1-1】 起重机的料斗如图1-6所示，它的上口长为1.2m，宽为1m，下底面长0.8m，宽为0.5m，高为1.5m，试计算满斗混凝土的重力。

【解】 查表1-3得知混凝土的密度：

$$\rho = 2.4 \times 10^3 \text{kg/m}^3$$

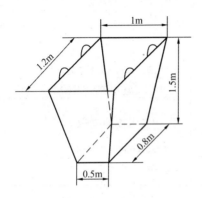

图1-6 起重机的料斗

料斗的体积：

$$V = \frac{h}{6}[(2a + a_1)b + (2a_1 + a)b_1]$$
$$= \frac{1.5}{6}[(2 \times 1.2 + 0.8) \times 1 + (2 \times 0.8 + 1.2) \times 0.5]$$
$$= 1.15 \text{m}^3$$

混凝土的质量：$m = \rho V = 2.4 \times 10^3 \times 1.15 = 2.76 \times 10^3 \text{kg}$

混凝土的重力：$G = mg = 2.76 \times 10^3 \times 10\text{N} = 27.6\text{kN}$

1.2 电工学基础

1.2.1 基本概念

(1) 电流、电压和电阻

1）电流

在电路中电荷有规则的运动称为电流。

电流不但有方向，而且有大小。大小和方向都不随时间变化的电流，称为直流电，用字母"DC"或"—"表示；大小或方向随时间变化的电流，称为交流电，用字母"AC"或"～"表示。

电流的大小称为电流强度，简称电流。电流强度的定义，见式（1-2）。

$$I = \frac{Q}{t} \tag{1-2}$$

式中　I——电流强度（A）；

　　　Q——通过导体某截面的电荷量（C）；

　　　t——电荷通过时间（s）。

电流（即电流强度）的基本单位是安培，简称安，用字母 A 表示，电流常用的单位还有 kA、mA、μA，换算关系为：

$$1kA = 10^3 A$$
$$1mA = 10^{-3} A$$
$$1\mu A = 10^{-6} A$$

测量电流强度的仪表叫电流表，又称安培表，分直流电流表和交流电流表两类。测量时必须将电流表串联在被测的电路中。每一个安培表都有一定的测量范围，所以在使用安培表时，应该先估算一下电流的大小，选择量程合适的电流表。

2）电压

电路中要有电流，必须要有电位差，有了电位差电流才能从电路中的高电位点流向低电位点。

电压是指电路中任意两点之间的电位差。电压的基本单位是伏特，简称伏，用字母 V 表示，常用的单位还有千伏（kV）、毫伏（mV）等，换算关系为：

$$1kV = 10^3 V$$
$$1mV = 10^{-3} V$$

测量电压大小的仪表叫电压表，又称伏特表，分直流电压表和交流电压表两类。测量时，必须将电压表并联在被测量电路中，每个伏特表都有一定的测量范围（即量程）。使用时，必须注意所测的电压不得超过伏特表的量程。

电压按等级划分为高压、低压与安全电压。

高压：指电气设备对地电压在 250V 以上；

低压：指电气设备对地电压为 250V 以下；

安全电压有五个等级：42V、36V、24V、12V、6V。

3）电阻

导体对电流的阻碍作用成为电阻，导体电阻是导体中客观存在的。在温度不变时导体的电阻，跟它的长度成正比，跟它的横截面积成反比。上述关系见式（1-3）。

$$R = \rho \frac{L}{S} \quad (1-3)$$

式中　R——导体的电阻（Ω）；

ρ——导体的电阻率（$\Omega \cdot m$）；

L——导体的长度（m）；

S——导体的横截面积（mm^2）。

式（1-3）中 ρ 是导体的材料决定的，称为导体的电阻率。电阻的常用单位有欧（Ω）、千欧（$k\Omega$）、兆欧（$M\Omega$）。他们的换算关系为：

$$1k\Omega = 10^3 \Omega$$
$$1M\Omega = 10^3 k\Omega = 10^6 \Omega$$

（2）电路

1）电路的组成

电路就是电流流通的路径，如日常生活中的照明电路、电动机电路等。电路一般由电源、负载、导线和控制器件四个基本部分组成，如图1-7所示。

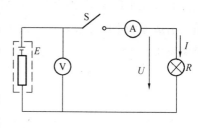

图1-7 电路示意图

①电源：将其他形式的能量转换为电能的装置，在电路中，电源产生电能，并维持电路中的电流。

②负载：将电能转换为其他形式能量的装置。

③导线：连接电源和负载的导体，为电流提供通道并传输电能。

④控制器件：在电路中起接通、断开、保护、测量等作用的装置。

2）电路的类别

按照负载的连接方式，电路可分为串联电路和并联电路。电路中电流依次通过每一个组成元件的电路称为串联电路；所有负载（电源）的输入端和输出端分别被连接在一起的电路，称为并联电路。

按照电流的性质，分为交流电路和直流电路。电压和电流的大小及方向随时间变化的电路，叫交流电路；电压和电流的大小及方向不随时间变化的电路，叫直流电路。

3）电路的状态

①通路：当电路的开关闭合，负载中有电流通过时称为通路，电路正常工作状态为通路。

②开路：即断路，指电路中开关打开或电路中某处断开时的状态，开路时电路中无电流通过。

③短路：电源两端的导线因某种事故未经过负载而直接连通时称为短路。短路时负载中无电流通过，流过导线的电流比正常

工作时大几十倍甚至数百倍,短时间内就会使导线产生大量的热量,造成导线熔断或过热而引发火灾,短路是一种事故状态,应避免发生。

(3) 电功率和电能

1) 电功率

在导体的两端加上电压,导体内就产生了电流。电场力推动自由电子定向移动所作的功,通常称为电流所作的功或称为电功(W)。

电流在一段电路所作的功,与这段电路两端的电压 U、电路中的电流强度 I 和通电时间 t 成正比。见式(1-4)。

$$W = UIt \tag{1-4}$$

式中 W——电流在一段电路所作的功(J);

U——电路两端的电压(V);

I——电路中的电流强度(A);

t——通电时间(s)。

单位时间内电流所作的功叫电功率,简称功率,用字母 P 表示,其单位为焦耳/秒(J/s),即瓦特,简称瓦(W)。功率的计算见式(1-5)。

$$P = \frac{W}{t} = \frac{UIt}{t} = UI = I^2R = \frac{U^2}{R} \tag{1-5}$$

式中 P——功率(W);

W——电流在一段电路所作的功(J);

U——电路两端的电压(V);

I——电路中的电流强度(A);

t——通电时间(s)。

常用的电功率单位还有千瓦(kW)、兆瓦(MW)和马力(HP),换算关系为:

$$1\text{kW} = 10^3 \text{W}$$

$$1MW = 10^6 W$$
$$1HP\ 马力 = 736W$$

2) 电能

电路的主要任务是进行电能的传送、分配和转换。电能是指一段时间内电场所作的功,见式(1-6)。

$$W = Pt \tag{1-6}$$

式中 W——电能(kW·h);

P——功率(W);

t——通电的时间(s)。

电能的单位是千瓦·小时(kW·h),简称度。1度=1kW·h。

测量电功的仪表是电能表,又称电度表,它可以计量用电设备或电器在某一段时间内所消耗的电能。测量电功率的仪表是功率表,它可以测量用电设备或电气设备在某一工作瞬间的电功率大小。功率表又可以分为有功功率表(kW)和无功功率表(kvar)。

(4) 三相交流电

我国工业上普遍采用频率为50Hz的正弦交流电,在日常生活中,人们接触较多的是单向交流电,而实际工作中,人们接触更多的是三相交流电。

三个具有相同频率、相同振幅,但在相位上彼此相差120°的正弦交流电,统称为三相交流电。三相交流电习惯上分为A、B、C三相。按国标规定,交流供电系统的电源A、B、C分别用L_1、L_2、L_3表示,其相色分别为黄色、绿色和红色。交流供电系统中电气设备接线端子的A、B、C相依次用U、V、W表示,如三相电动机三相绕组的首端和尾端分别为U_1和U_2、V_1和V_2、W_1和W_2。

1.2.2 三相异步电动机

电动机分为交流电动机和直流电动机两大类,交流电动机又分为异步电动机和同步电动机。异步电动机又可分为单相电动机和三相电动机。电扇、洗衣机、电冰箱、空调、排风扇、木工机械及小型电钻等使用的是单相异步电动机，塔式起重机的行走、变幅、卷扬、回转机构都采用三相异步电动机。

(1) 三相异步电动机的结构

三相异步电动机也叫三相感应电动机，主要由定子和转子两个基本部分组成。转子又可分为鼠笼式和绕线式两种。

1) 定子

定子主要由定子铁芯、定子绕组、机座和端盖等组成。

①定子铁芯

定子铁芯是异步电动机主磁通磁路的一部分，通常由导磁性能较好的 0.35～0.5mm 厚的硅钢片叠压而成。对于容量较大（10kW 以上）的电动机，在硅钢片两面涂以绝缘漆，作为片间绝缘之用。

图 1-8　三相电机的定子绕组

②定子绕组

定子绕组是异步电动机的电路部分，由三相对称绕组按一定的空间角度依次嵌放在定子线槽内，其绕组有单层和双层两种基本形式。如图 1-8 所示。

③机座

机座的作用主要是固定定子铁心并支撑端盖和转子，中小型异步电动机一般都采用铸铁机座。

2) 转子

转子部分由转子铁芯、转子绕组及转轴组成

①转子铁芯，也是电动机主磁通磁路的一部分，一般也由 0.35～0.5mm 厚的硅钢片叠成，并固定在转轴上。转子铁芯外圆侧均匀分布着线槽，用以浇铸或嵌放转子绕组。

②转子绕组，按其形式分为鼠笼式和绕线式两种。

小容量鼠笼式电动机一般采用在转子铁芯槽内浇铸铝笼条，两端的端环将笼条短接起来，并浇铸冷却成风扇叶状。如图 1-9 所示，为鼠笼式电机的转子。

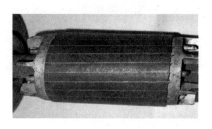

图 1-9　鼠笼式电机的转子

绕线式电动机是在转子铁芯线槽内嵌放对称三相绕组，如图 1-10 所示。三相绕组的一端接成星形，另一端接在固定于转轴的滑环（集电环）上，通过电刷与变阻器连接。如图 1-11 所示，为三相绕线式电机的滑环结构。

图 1-10　绕线式电机的转子绕组　　图 1-11　三相绕线式电机的滑环结构

③转轴，其主要作用是支撑转子和传递转矩。

（2）三相异步电动机的铭牌

电动机出厂时，在机座上都有一块铭牌，上面标有该电机的型号、规格和有关数据。

1）铭牌的标识

电机产品型号举例：Y-132S_2-2

Y——表示异步电动机；

132——表示机座号，数据为轴心对底座平面的中心高（mm）；

S——表示短机座（S：短；M：中；L：长）；

₂——表示铁芯长度号；

2——表示电动机的极数。

2）技术参数

①额定功率：电动机的额定功率也称额定容量，表示电动机在额定工作状态下运行时，轴上能输出的机械功率，单位为W或kW。

②额定电压：指电动机额定运行时，外加于定子绕组上的线电压，单位为V或kV。

③额定电流：指电动机在额定电压和额定输出功率时，定子绕组的线电流，单位为A。

④额定频率：额定频率是指电动机在额定运行时电源的频率，单位为Hz。

⑤额定转速：额定转速是指电动机在额定运行时的转速，单位为r/min。

⑥接线方法：表示电动机在额定电压下运行时，三相定子绕组的接线方式。目前电动机铭牌上给出的接法有两种，一种是额定电压为380/220V，接法为Y/△；另一种是额定电压380V，接法为△。

⑦绝缘等级：电动机的绝缘等级，是指绕组所采用的绝缘材料的耐热等级，它表明电动机所允许的最高工作温度，见表1-4。

绝缘等级及允许最高工作温度 表1-4

绝缘等级	Y	A	E	B	F	H	C
最高工作温度（℃）	90	105	120	130	155	180	>180

（3）三相异步电动机的运行与维护

1）电动机启动前检查

①电动机上和附近有无杂物和人员；
②电动机所拖动的机械设备是否完好；
③大型电动机轴承和启动装置中油位是否正常；
④绕线式电动机的电刷与滑环接触是否紧密；
⑤转动电动机转子或其所拖动的机械设备，检查电动机和拖动的设备转动是否正常。

2）电动机运行中的监视与维护
①电动机的温升及发热情况；
②电动机的运行负荷电流值；
③电源电压的变化；
④三相电压和三相电流的不平衡度；
⑤电动机的振动情况；
⑥电动机运行的声音和气味；
⑦电动机的周围环境、适用条件；
⑧电刷是否有冒火或其他异常现象。

1.2.3 低压电器

低压电器在供配电系统中广泛用于电路、电动机、变压器等电气装置上，起着开关、保护、调节和控制的作用，按其功能分有开关电器、控制电器、保护电器、调节电器、主令电器、成套电器等，现主要介绍起重机械中常用的几种低压电器。

（1）主令电器

主令电器是一种能向外发送指令的电器，主要有按钮、行程开关、万能转换开关、接触开关等。利用它们可以实现人对控制电器的操作或实现控制电路的顺序控制。

1）控制按钮

按钮是一种靠外力操作接通或断开电路的电气元件，一般不能直接用来控制电气设备,只能发出指令,但可以实现远距离操作。如图 1-12 所示,为几种按钮的外形与结构。

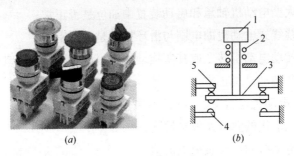

图 1-12 按钮的外形与结构

1—按钮;2—弹簧;3—接触片;4、5—接触点

2)行程开关

行程开关又称限位开关或终点开关,是一种将机械信号转换为电信号来控制运动部件行程的开关元件。它不用人工操作,而是利用机械设备某些部件的碰撞来完成的,以控制自身的运动方向或行程大小的主令电器,被广泛用于顺序控制器、运动方向、行程、零位、限位、安全及自动停止、自动往复等控制系统中。如图 1-13 所示,为几种常见的行程开关。

图 1-13 几种常见的行程开关

3)万能转换开关

万能转换开关是一种多对触头、多个挡位的转换开关。主要

由操作手柄、转轴、动触头及带号码牌的触头盒等构成。常用的转换开关有 LW2、LW4、LW5-15D、LW15-10、LWX2 等，在 QT30 以下的塔式起重机一般使用 LW5 型转换开关。如图 1-14 所示，为一种万能转换开关。

4）主令控制器

主令控制器（又称主令开关）主要用于电气传动装置中，按一定顺序分合触头，达到发布命令或其他控制线路联锁转换的目的。其中塔式起重机的联动操作台就属于主令控制器，用来操作塔式起重机的回转、变幅、升降，如图 1-15 所示。

图 1-14 万能转换开关

图 1-15 塔式起重机的联动操作台

（2）空气断路器

低压空气断路器又称自动空气开关或空气开关，属开关电器，适用于当电路中发生过载、短路和欠压等不正常情况时，能自动分断电路的电器，也可用作不频繁地启动电动机或接通、分断电路，有万能式断路器、塑壳式断路器、微型断路器、漏电保护器等，如图 1-16 所示，为几种常见的断路器。

（3）漏电保护器

漏电保护器，又称剩余电流动作保护器，主要用于保护人身因漏电发生电击伤亡、防止因电气设备或线路漏电引起电气火灾事故。

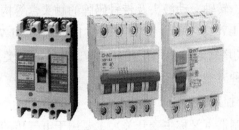

图 1-16　几种常见的断路器

安装在负荷端电器电路的漏电保护器,是考虑到漏电电流通过人体的影响,用于防止人为触电的漏电保护器,其动作电流不得大于 30mA,动作时间不得大于 0.1s。应用于潮湿场所的电器设备,应选用动作电流不大于 15mA 的漏电保护器。

漏电保护器按结构和功能分为漏电开关、漏电断路器、漏电继电器、漏电保护插头、插座。漏电保护器按极数还可分为单极、二极、三极、四极等多种。

(4) 接触器

接触器是利用自身线圈流过电流产生磁场,使触头闭合,以达到控制负载的电器。接触器用途广泛,是电力拖动和控制系统中应用最为广泛的一种电器,它可以频繁操作,远距离闭合、断开主电路和大容量控制电路,接触器可分为交流接触器和直流接触器两大类。

接触器主要由电磁系统、触头系统和灭弧装置等几部分组成。交流接触器的交流线圈的额定电压有 380V、220V 等,如图 1-17 所示,为几种常见的接触器。

(5) 继电器

继电器是一种自动控制电器,在一定的输入参数下,它受输入端的影响而使输出参数有跳跃式的变化。常用的有中间继电器、热继电器、时间继电器、温度继电器等。如图 1-18 所示,为几种常见的继电器。

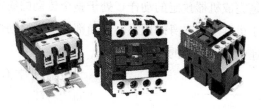

图 1-17　几种常见的接触器

图 1-18　几种常见的继电器

（6）刀开关

刀开关又称闸刀开关或隔离开关，它是手控电器中最简单而使用又较广泛的一种低压电器。刀开关在电路中的作用是隔离电源和分断负载。如图1-19所示，为一种常见的刀开关。

图 1-19　刀开关

1.3　机械基础知识

1.3.1　机械基础概述

（1）机器

机器基本上都是由原动部分、工作部分和传动部分组成的。原动部分是机器动力的来源。常用的原动机有电机、内燃机等。

23

工作部分是完成机器预定的动作，处于整个传动的终端，其结构形式取决于机器工作本身的用途。传动部分是把原动部分的运动和动力传递给工作部分的中间环节。

机器通常有以下三个共同的特征：

1) 机器是由许多的构件组合而成的，如图1-20所示，钢筋切断机由电动机通过带传动及齿轮传动减速机，带动由曲柄、连杆和滑块组成的曲柄滑块机构，使安装在滑块上的活动刀片周期性地靠近或离开安装在机架上的固定刀片，完成切断钢筋的工作循环。其原动部分为电动机，执行部分为刀片，传动部分包括带传动、齿轮传动和曲柄滑块机构。

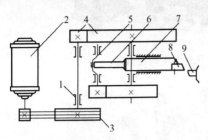

图1-20 钢筋切断机示意图
1—机架；2—电动机；3—带传动机构；4—齿轮机构；5—偏心轴；6—连杆；7—滑块；8—活动刀片；9—固定刀片

2) 机器中的构件之间具有确定的相对运动。活动刀片相对于固定刀片作往复运动。

3) 机器可以用来代替人的劳动，完成有用的机械功或者实现能量转换。如运输机可以改变物体的空间位置，电动机能把电能转换成机械能等。

（2）机构

机构与机器有所不同，机构具有机器的前两个特征，而没有最后一个特征，通常把这些具有确定相对运动构件的组合称为机构。所以机构和机器的区别是机构的主要功用在于传递或转变运动的形式，而机器的主要功用是为了利用机械能作功或能量转换。

（3）机械

机械是机器和机构的总称。

（4）运动副

使两物体直接接触而又能产生一定相对运动的连接，称为运动副。如图1-21所示。

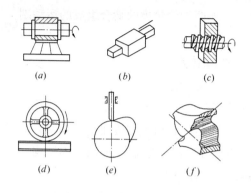

图1-21 运动副

(a) 转动副；(b) 移动副；(c) 螺旋副；
(d) 滚轮副；(e) 凸轮副；(f) 齿轮副

根据运动副中两机构接触形式不同，运动副可分为低副和高副。

1）低副

低副是指两构件之间作面接触的运动副。按两构件的相对运动情况，可分为：

①转动副：指两构件在接触处只允许做相对转动，如由轴和瓦之间组成的运动副。

②移动副：指两构件在接触处只允许做相对移动，如由滑块与导槽组成的运动副。

③螺旋副：两构件在接触处只允许做一定关系的转动和移动的复合运动，如丝杠与螺母组成的运动副。

2）高副

高副是两构件之间做点或线接触的运动副。按两构件的相对

运动情况,可分为:

①滚轮副:如由滚轮和轨道之间组成的运动副。
②凸轮副:如凸轮与从动杆组成的运动副。
③齿轮副:如两齿轮轮齿的啮合组成的运动副。

1.3.2 机械传动

(1) 齿轮传动

齿轮传动是由齿轮副组成的传递运动和动力的一套装置,所谓齿轮副是由两个相啮合的齿轮组成的基本结构。

1) 齿轮传动工作原理

齿轮传动由主动轮、从动轮和机架组成。齿轮传动是靠主动轮的轮齿与从动轮的轮齿直接啮合来传递运动和动力的装置。如图1-22所示,当一对齿轮相互啮合而工作时,主动轮 O_1 的轮齿1、2、3、4…通过啮合点法向力的作用逐个地推动从动轮 O_2 的轮齿 $1'$、$2'$、$3'$、$4'$…使从动轮转动,从而将主动轮的动力和运动传递给从动轮。

2) 传动比

如图1-22所示,在一对齿轮中,设主动齿轮的转速为 n_1,齿数为 z_1,从动齿轮的转速为 n_2,齿数为 z_2,由于是啮合传动,在单位时间里两轮转过的齿数应相等,即 $z_1 \cdot n_1 = z_2 \cdot n_2$,由此可得一对齿轮的传动比,见式(1-7)。

$$i_{12} = \frac{n_1}{n_2} = \frac{z_2}{z_1} \quad (1-7)$$

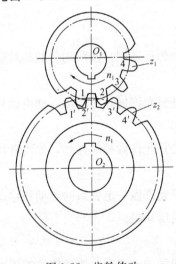

图1-22 齿轮传动

式中 i_{12}——齿轮的传动比；

n_1、n_2——主动齿轮、从动齿轮的转速；

z_1、z_2——主动齿轮、从动齿轮的齿数。

式（1-7）说明一对齿轮传动比，就是主动齿轮与从动齿轮转速（角速度）之比，与其齿数成反比。若两齿轮的旋转方向相同，规定传动比为正；若两齿轮的旋转方向相反，规定传动比为负，则一对齿轮的传动比可写为：

$$i_{12}=\pm\frac{n_1}{n_2}=\pm\frac{z_2}{z_1}$$

3）齿轮各部分名称和符号，如图 1-23 所示。

①齿槽：齿轮上相邻两轮齿之间的空间；

②齿顶圆：通过轮齿顶端所作的圆称为齿顶圆，其直径用 d_a 表示，半径用 r_a 表示；

③齿根圆：通过齿槽底所作的圆称为齿根圆，其直径用 d_f 表示，半径用 r_f 表示；

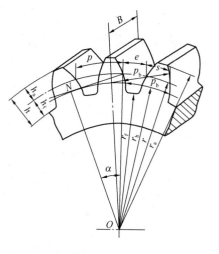

图 1-23 齿轮各部分名称和符号

④齿厚：一个齿的两侧端面齿廓之间的弧长称为齿厚，用 s 表示；

⑤齿槽宽：一个齿槽的两侧齿廓之间的弧长称为齿槽宽，用 e 表示；

⑥分度圆：齿轮上具有标准模数和标准压力角的圆称为分度圆，其直径用 d 表示，半径用 r 表示；对于标准齿轮，分度圆上的齿厚和槽宽相等；

⑦齿距：相邻两齿上同侧齿廓之间的弧长称为齿距，用 p 表示，即 $p=s+e$；

⑧齿高：齿顶圆与齿根圆之间的径向距离称为齿高，用 h 表示；

⑨齿顶高：齿顶圆与分度圆之间的径向距离称为齿顶高，用 h_a 表示；

⑩齿根高：齿根圆与分度圆之间的径向距离称为齿根高，用 h_f 表示；

⑪齿宽：齿轮的有齿部位沿齿轮轴线方向量得的齿轮宽度，用 B 表示。

4）主要参数

①齿数：在齿轮整个圆周上轮齿的总数称为齿数，用 z 表示。

②模数：模数是齿轮几何尺寸计算中最基本的一个参数。齿距除以圆周率所得的商，称为模数，由于 π 为无理数，为了计算和制造上的方便，人为地把 p/π 规定为有理数，用 m 表示，模数单位为 mm，即：$m=p/\pi=d/z$。

模数直接影响齿轮的大小、轮齿齿形和强度的大小。对于相同齿数的齿轮，模数越大，齿轮的几何尺寸越大，轮齿也大，因此承载能力也越大。

国家对模数值，规定了标准模数系列，见表1-5。

标准模数系列表（mm） 表1-5

第一系列	0.1	0.12	0.15	0.2	0.25	0.3	0.4	0.5	0.6	0.8
	1	1.25	1.5	2	2.5	3	4	5	6	8
	10	12	16	20	25	32	40	50		
第二系列	0.35	0.7	0.9	1.75	2.25	2.75	(3.25)	3.5	(3.75)	4.5	5.5
	(6.5)	7	9	(11)	14	18	22	28	(30)	36	45

注：本表适用于渐开线圆柱齿轮，对斜齿轮是指法面模数；选用模数时，应优先采用第一系列，其次是第二系列，括号内的模数尽量不用。

③分度圆压力角：通常说的压力角指分度圆上的压力角，简

称压力角，用 α 表示。国家标准中规定，分度圆上的压力角为标准值，$α=20°$。

齿廓形状是由齿数、模数、压力角三个因素决定的。

5) 直齿圆柱齿轮传动

①啮合条件

两齿轮的模数和压力角分别相等。

②中心距

一对标准直齿圆柱齿轮传动，由于分度圆上的齿厚与齿槽宽相等，所以两齿轮的分度圆相切，且做纯滚动，此时两分度圆与其相应的节圆重合，则标准中心距见式（1-8）。

$$a = r_1 + r_2 = \frac{m(z_1 + z_2)}{2} \qquad (1-8)$$

式中　a——标准中心距；

　　r_1、r_2——齿轮的半径；

　　m——齿轮的模数；

　　z_1、z_2——齿轮的齿数。

6) 齿轮传动的失效形式

齿轮传动过程中，如果轮齿发生折断、齿面损坏等现象，则轮齿就失去了正常的工作能力，称为失效。失效的原因及避免措施见表 1-6。

齿轮失效的原因及避免措施　　　　表 1-6

比较项目 \ 失效形式	轮齿折断	齿面点蚀	齿面胶合	齿面磨损	齿面塑性变形
引起原因	短时意外的严重过载超过弯曲疲劳极限	很小的面接触、循环变化就会使齿面表层产生细微的疲劳裂纹、微粒剥落而形成麻点	高速重载、啮合区温度升高引起润滑失效，齿面金属直接接触并相互粘连，较软的齿面被撕下而形成沟纹	接触表面间有较大的相对滑动产生滑动摩擦	低速重载、齿面压力过大

续表

比较项目 \ 失效形式	轮齿折断	齿面点蚀	齿面胶合	齿面磨损	齿面塑性变形
部位	齿根部分	靠近节线的齿根表面	轮齿接触表面	轮齿接触表面	轮齿
避免措施	选择适当的模数和齿宽，采用合适的材料及热处理方法，降低表面粗糙度，降低齿根弯曲应力	提高齿面硬度	提高齿面硬度，降低表面粗糙度，采用黏度大和抗胶合性能好的润滑油	提高齿面硬度，降低表面粗糙度，改善润滑条件，加大模数，尽可能用闭式齿轮传动结构代替开式齿轮传动结构	减小载荷，减少启动频率

常见的轮齿失效形式有：轮齿折断、齿面点蚀、齿面胶合、齿面磨损、齿面塑性变形等。如图1-24所示，为常见的轮齿失效形式。

7）斜齿圆柱齿轮

①斜齿圆柱齿轮齿面的形成

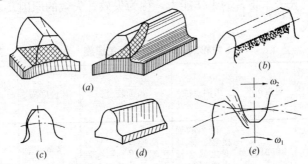

图1-24 常见的轮齿失效形式

(a) 轮齿折断；(b) 齿面点蚀；(c) 齿面胶合；
(d) 齿面磨损；(e) 齿面塑性变形

斜齿圆柱齿轮是齿线为螺旋线的圆柱齿轮。斜齿圆柱齿轮的齿面制成渐开螺旋面。渐开螺旋面的形成，是一平面（发生面）沿着一个固定的圆柱面（基圆柱面）做纯滚动时，此平面上的一条以恒定角度与基圆柱的轴线倾斜交错的直线在空间内的轨迹曲面，如图1-25所示。

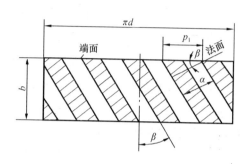

图1-25 斜齿轮展开图

当其恒定角度 $\beta=0$ 时，则为直齿圆柱渐开螺旋面齿轮（简称直齿圆柱齿轮），当 $\beta\neq0$ 时，则为斜齿圆柱渐开螺旋面齿轮，简称斜齿圆柱齿轮。

②斜齿圆柱齿轮传动的特点

斜齿圆柱齿轮传动和直齿圆柱齿轮传动一样，仅限于传递两平行轴之间的运动；齿轮承载能力强，传动平稳，可以得到更加紧凑的结构；但在运转时会产生轴向推力。

8）齿条传动

齿条传动主要用于把齿轮的旋转运动变为齿条的直线往复运动，或把齿条的直线往复运动变为齿轮的旋转运动。

①齿条传动的形式

如图1-26所示，在两标准渐开线齿轮传动中，当其中一个齿轮的齿数无限增加时，分度圆变为直线，称为基准线。此时齿顶圆、齿根圆和基圆也同时变为与基准线平行的直线，分别叫齿顶线、齿根线。这时齿轮中心移到无穷远处。同时，基圆半径也

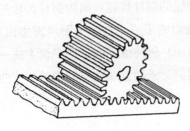

图1-26 齿条传动

增加到无穷大。这种齿数趋于无穷多的齿轮的一部分就是齿条。因此齿条是具有一系列等距离分布齿的平板或直杆。

②齿条传动的特点

由于齿条的齿廓是直线，所以齿廓上各点的法线是平行的。在传动时齿条做直线运动。齿条上各点速度的大小和方向都一致。齿廓上各点的齿形角都相等，其大小等于齿廓的倾斜角，即齿形角 $\alpha=20°$。

由于齿条上各齿同侧的齿廓是平行的，所以不论在基准线上（中线上）、齿顶线上，还是与基准线平行的其他直线上，齿距都相等，即 $p=\pi m$。

9) 蜗杆传动

蜗杆传动是一种常用的齿轮传动形式，其特点是可以实现大传动比传动，广泛应用于机床、仪器、起重运输机械及建筑机械中。

如图1-27所示，蜗杆传动由蜗杆和蜗轮组成，传递两交错轴之间的运动和动力，一般以蜗杆为主动件，蜗轮为从动件。通常，工程中所用的蜗杆

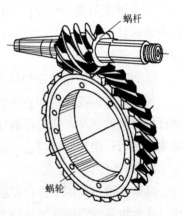

图1-27 蜗杆蜗轮传动

是阿基米德蜗杆，它的外形很像一根具有梯形螺纹的螺杆，其轴向截面类似于直线齿廓的齿条。蜗杆有左旋、右旋之分，一般为右旋。蜗杆传动的主要特点是：

①传动比大。蜗杆与蜗轮的运动相当于一对螺旋副的运动，

其中蜗杆相当于螺杆，蜗轮相当于螺母。设蜗杆螺纹头数为 Z_1，蜗轮齿数为 Z_2。在啮合中，若蜗杆螺纹头数 $Z_1=1$，则蜗杆回转一周蜗轮只转过一个齿，即转过 $1/Z_2$ 转；若蜗杆头数 $Z_1=2$，则蜗轮转过 $2/Z_2$ 转，由此可得蜗杆蜗轮的传动比，见式（1-9）。

$$i = \frac{n_1}{n_2} = \frac{Z_2}{Z_1} \tag{1-9}$$

②蜗杆的头数 Z_1 很少，仅为 1～4，而蜗轮齿数 Z_2 却可以很多，所以能获得较大的传动比。单级蜗杆传动的传动比一般为 8～60，分度机构的传动比可达 500 以上。

③工作平稳，噪声小。

④具有自锁作用。当蜗杆的螺旋升角 λ 小于 6°时（一般为单头蜗杆），无论在蜗轮上加多大的力都不能使蜗杆转动，而只能由蜗杆带动蜗轮转动。这一性质对某些起重设备很有意义，可利用蜗轮蜗杆的自锁作用使重物吊起后不会自动落下。

⑤传动效率低。一般阿基米德单头蜗杆传动效率为 0.7～0.9。当传动比很大、蜗杆螺旋升角很小时，效率甚至在 0.5 以下。

⑥价格昂贵。蜗杆蜗轮啮合齿面间存在相当大的相对滑动速度，为了减小蜗杆蜗轮之间的摩擦，防止发生胶合，蜗轮一般需采用贵重的有色金属来制造，加工也比较复杂，这就提高了制造成本。

（2）带传动

带传动是由主动轮、从动轮和传动带组成，靠带与带轮之间的摩擦力来传递运动和动力。如图 1-28 所示。

1）带传动的特点

与其他传动形式相比较，带传动具有以下特点：

①由于传动带具有良好的弹性，所以能缓和冲击、吸收振动，传动平稳，无噪声。但因带传动存在滑动现象，所以不能保

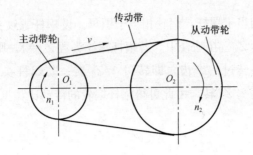

图 1-28 带传动

证恒定的传动比。

②传动带与带轮是通过摩擦力传递运动和动力的。因此过载时，传动带在轮缘上会打滑，从而可以避免其他零件的损坏，起到安全保护的作用。但传动效率较低，带的使用寿命短；轴、轴承承受的压力较大。

③适宜用在两轴中心距较大的场合，但外廓尺寸较大。

④结构简单，制造、安装、维护方便，成本低。但不适用于高温、有易燃易爆物质的场合。

2) 带传动的类型

带传动可分为平型带传动、V型带传动和同步带传动等。如图 1-29 所示。

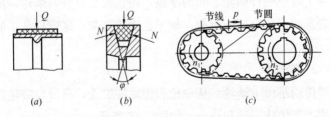

图 1-29 带传动的类型

（a）平型带传动；（b）V型带传动；（c）同步带传动

①平型带传动

平型带的横截面为矩形，已标准化。常用的有橡胶帆布带、皮革带、棉布带和化纤带等。

平型带传动主要用于两带轮轴线平行的传动,其中有开口式传动和交叉式传动等。如图1-30所示,开口式传动,两带轮转向相同,应用较多;交叉式传动,两带轮转向相反,传动带容易磨损。

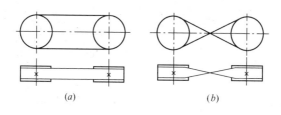

图1-30 平型带传动
(a) 开口传动;(b) 交叉传动

② V型带传动

V型带传动又称三角带传动,较之平带传动的优点是传动带与带轮之间的摩擦力较大,不易打滑;在电动机额定功率允许的情况下,要增加传递功率只要增加传动带的根数即可。V型带传动常用的有普通V型带传动和窄V型带传动两类,常用普通V型带传动。

对V型带轮的基本要求是:重量轻,质量分布均匀,有足够的强度,安装时对中性良好,无铸造与焊接所引起的内应力。带轮的工作表面应经过加工,使之表面光滑以减少胶带的磨损。

带轮常用铸铁、钢、铝合金或工程塑料等制成。带轮由轮缘、轮毂、轮辐三部分组成,如图1-31所示。轮缘上有轮槽,它是与V型带直接接触的部分,槽数与槽的尺寸应与所选V型带的根数和型号相对应。轮毂是带轮与轴配合的部分,轮毂孔内一般有键槽,以便用键将带轮和轴连接在一起。轮辐是连接轮缘与轮毂的部分,其形式根据带轮直径大小选择。当带轮直径很小时，只能做成实心式，如图 1-31（a）所示；中等直径的带轮做成腹板式，如图 1-31（b）所示；直径大于 300mm 的带轮常采用轮辐式，如图 1-31（c）所示。

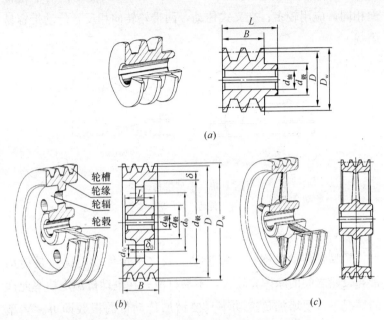

图 1-31 带轮
（a）实心式；（b）腹板式；（c）轮辐式

V 型带传动的安装、使用和维护是否得当，会直接影响传动带的正常工作和使用寿命。在安装带轮时，要保证两轮中心线平行，其端面与轴的中心线垂直，主动轮、从动轮的轮槽必须在同一平面内，带轮安装在轴上不得晃动。

选用 V 型带时，型号和计算长度不能搞错。若 V 型带型号大于轮槽型号，会使 V 型带高出轮槽，使接触面减小，降低传动能力；若小于轮槽型号，将使 V 型带底面与轮槽底面接触，从而失去 V 型带传动摩擦力大的优点。

安装 V 型带时应有合适的张紧力，在中等中心距的情况下，用大拇指按下1.5cm即可；同一组V型带的实际长短相差不宜过大，否则易造成受力不均匀现象，以致降低整个机构的工作能力。V型带在使用一段时间后，由于长期受拉力作用会产生永久变形，使长度增加而造成V型带松弛，甚至不能正常工作。

为了使V型带保持一定的张紧程度和便于安装，常把两带轮的中心距做成可调整的（图1-32），或者采用张紧装置（图1-33）。没有张紧装置时，可将V型带预加张紧力增大到1.5倍，当胶带工作一段时间后，由于总长度有所增加，张紧力就合适了。

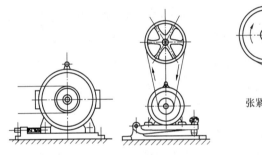 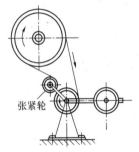

图1-32　调整中心距的方法　　　图1-33　应用张紧轮的方法

V型带经过一段时间使用后，如发现不能使用时要及时更换，且不允许新旧带混合使用，以免造成载荷分布不均。更换下来的V型带如果其中有的仍能继续使用，可在使用寿命相近的V型带中挑选长度相等的进行组合。

③同步带传动

同步带传动是一种啮合传动，依靠带内周的等距横向齿与带轮相应齿槽间的啮合来传递运动和动力，如图1-34所示。同步带传动工作时带与带轮之间无相对滑动，能保证准确的传动比。传动效率可达0.98；传动比较大，可达12～20；允许带速可高达50m/s。但同步带传动的制造要求较高，安装时对中心距有严格要求，价格较贵。同步带传动主要用于要求传动比准确的中、小功率传动中。

图1-34 同步带传动

3) 带传动的维护

为了延长使用寿命，保证正常运转，须正确使用与维护。带传动在安装时，必须使两带轮轴线平行，轮槽对正，否则会加剧磨损。安装时应缩小轴距后套上，然后调整。严防与矿物油、酸、碱等腐蚀性介质接触，也不宜在阳光下曝晒。如有油污可用温水或1.5%的稀碱溶液洗净。

(3) 链传动

链传动是由主动链轮、链条和从动链轮组成，如图1-35所示。链轮具有特定的齿形，链条套装在主动链轮和从动链轮上。工作时，通过链条的链节与链轮轮齿的啮合来传递运动和动力。链传动具有下列特点：

1) 链传动结构较带传动紧凑，过载能力大；

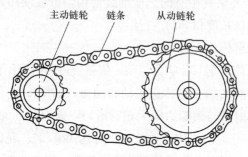

图1-35 链传动

2) 链传动有准确的平均传动比,无滑动现象,但传动平稳性差,工作时有噪声;

3) 作用在轴和轴承上的载荷较小;

4) 可在温度较高、灰尘较多、湿度较大的不良环境下工作;

5) 低速时能传递较大的载荷;

6) 制造成本较高。

1.3.3 轴系零部件

(1) 轴

轴是组成机器中的最基本的和主要的零件,一切做旋转运动的传动零件,都必须安装在轴上才能实现旋转和传递动力。

1) 常用轴的种类

按照轴的轴线形状不同,可以把轴分为曲轴 [图 1-36 (*a*)] 和直轴 [图 1-36 (*b*)、图 1-36 (*c*)] 两大类。曲轴可以将旋转运动改变为往复直线运动或者做相反的运动转换。直轴应用最为广泛,直轴按照其外形不同,可分为光轴 [图 1-36 (*b*)] 和阶梯轴 [图 1-36 (*c*)] 两种。

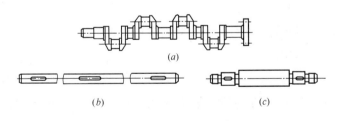

图 1-36 轴
(*a*) 曲轴;(*b*) 光轴;(*c*) 阶梯轴

按照轴所受载荷的不同,可将轴分为心轴、转轴和传动轴三类。

①心轴：通常指只承受弯矩而不承受转矩的轴。如自行车前轴。

②转轴：既受弯矩又受转矩的轴。转轴在各种机器中最为常见。

③传动轴：只受转矩不受弯矩或受很小弯矩的轴。车床上的光轴、连接汽车发动机输出轴和后桥的轴，均是传动轴。

2) 轴的结构

轴主要由轴颈、轴头、轴身和轴肩、轴环构成，如图 1-37 所示。

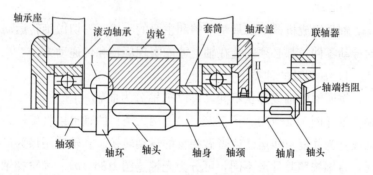

图 1-37 轴的结构

（2）轴上零件的固定

轴上零件的固定可分为周向固定和轴向固定。

1) 周向固定

不允许轴与零件发生相对转动的固定，称为周向固定。常用的固定方法有楔键连接、平键连接、花键连接和过盈配合连接等。

①楔键连接

楔键如图 1-38（a）所示，沿键长一面制成 1：100 斜度，在轴上平行于轴线开平底键槽，轮毂上制成 1：100 斜度的键槽，装配时沿轴向将楔键打入键槽，依靠键的上下两面与键槽挤紧产生的摩擦力，将轴与轮毂连接在一起。键的两侧面与键槽之间留有间隙。

楔键连接方法简单，即使轴与轮毂之间有较大的间隙也能靠楔紧作用将轴与轮毂连成一体，但由于打入了楔键从而破坏了轴与轮毂的对中性，同时在有振动的场合下易松脱，所以楔键不适用于高速、精密的机械，只适用于低速轴上零件的连接。为防止键的钩头外伸，应加防护罩，如图1-38（b）所示，以免发生事故。

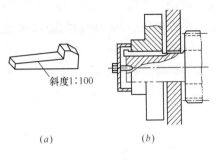

图1-38　楔键连接

②平键连接

平键是一个截面为矩形的长六面体，键的两个侧面与键槽紧密配合，顶面与轮毂键槽间留有间隙，主要靠两侧面来传递扭矩，其连接方法见图1-39（a）。平键制造简单、装拆方便，有较好的对中性，故应用普遍。当零件需沿轴向移动时，可用导向

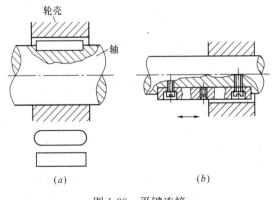

图1-39　平键连接
（a）平键；（b）导向键

键（滑键）连接，如图1-39（b）所示，导向键用螺钉固定在轴上，零件可以沿其两侧面顺轴向移动。

③花键连接

花键连接由花键轴与花键槽构成（图1-40），常用传递大扭矩、要求有良好的导向性和对中性的场合。花键的齿形有矩形、三角形及渐开线齿形三种，矩形键加工方便，应用较广。

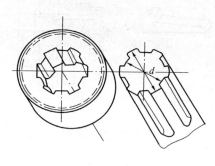

图1-40 花键连接

④过盈配合连接

过盈配合连接的特点是轴的实际尺寸比孔的实际尺寸大，安装时利用打入、压入、热套等方法将轮毂装在轴上，通常用于有振动、冲击和不需经常装拆的场合。

2）轴向固定

不允许轴与零件发生相对的轴向移动的固定，称为轴向固定。常用的固定方法有轴肩、螺母、定位套筒和弹性挡圈等。

①轴肩，用于单方向的轴向固定。

②螺母，轴端或轴向力较大时可用螺母固定。为防止螺母松动，可采用双螺母或带翅垫圈。

③定位套筒，一般用于两个零件间距离较小的场合。

④弹性挡圈（卡环），当轴向力较小时，可采用弹性挡圈进行轴向定位，具有结构简单、紧凑等特点。

(3) 轴承

轴承是用于支承轴颈的部件，它能保证轴的旋转精度，减小转动时轴与支承间的摩擦和磨损。根据轴承摩擦性质的不同，轴承可分为滑动轴承和滚动轴承两类。

1) 滑动轴承

滑动轴承一般由轴承座、轴承盖、轴瓦和润滑装置等组成,如图1-41所示。滑动轴承与轴之间的摩擦为滑动摩擦,其工作可靠、平稳且无噪声,润滑油具有吸振能力,故能受较大的冲击载荷,能用于高速运转,如能保持良好的润滑可以提高机器的传动效率。

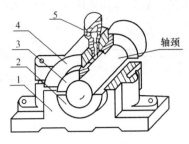

图1-41 滑动轴承
1—轴承座;2、3—轴瓦;
4—轴承盖;5—润滑装置

根据轴承的润滑状态,滑动轴承可分为非液体摩擦滑动轴承(动压轴承)和液体摩擦滑动轴承(静压轴承)两大类;按照所受载荷方向不同,可分为向心滑动轴承、推力滑动轴承和向心推力滑动轴承。

非液体摩擦滑动轴承是在轴颈和轴瓦表面,由于润滑油的吸附作用而形成一层极薄的油膜,它使轴颈与轴瓦表面有一部分接触,另一部分被油膜隔开。一般常见的滑动轴承大都属于这一种。液体摩擦滑动轴承的油膜较厚,使接触面完全脱离接触,它的摩擦系数约为0.001~0.008。这是一种比较理想的摩擦状态。由于这种轴承的摩擦状态要求较高,不易实现,因此只有在很重要的设备中才采用。

轴瓦是滑动轴承和轴接触的部分,是滑动轴承的关键元件。一般用青铜、减摩合金等耐磨材料制成,滑动轴承工作时,轴瓦与转轴之间要求有一层很薄的油膜起润滑作用。如果由于润滑不良,轴瓦与转轴之间就存在直接的摩擦,摩擦会产生很高的温度,虽然轴瓦是由特殊的耐高温合金材料制成,但发生直接摩擦产生的高温仍然足以将其烧坏。轴瓦还可能由于负荷过大、温度过高、润滑油存在杂质或黏度异常等因素造成烧瓦。轴瓦分为整体式、剖分式和分块式三种，如图1-42所示。

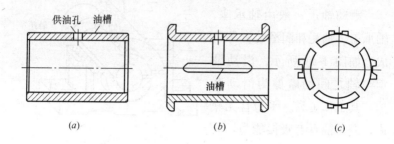

图1-42 轴瓦的结构

(a) 整体式轴瓦；(b) 剖分式轴瓦；(c) 分块式轴瓦

为了使润滑油能流到轴承整个工作表面上，轴瓦的内表面需开出油孔和油槽，油孔和油槽不能开在承受载荷的区域内，否则会降低油膜承载能力。油槽的长度一般取轴瓦宽度的80%。

2) 滚动轴承

滚动轴承由内圈、外圈、滚动体和保持架组成，如图1-43所示。一般内圈装在轴颈上，与轴一起转动，外圈装在机器的轴承座孔内固定不动。内外圈上设置有滚道，当内外圈相对旋转时，滚动体沿着滚道滚动。按照滚动体的形状不同，滚动轴承可分为滚珠轴承和滚柱轴承；

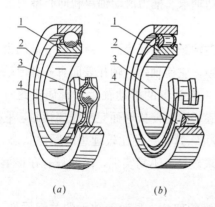

图1-43 滚动轴承构造

(a) 滚珠轴承；(b) 滚柱轴承；
1—内圈；2—外圈；3—滚动体；4—保持架

若按轴承载荷的类型不同可分为向心轴承和推力轴承两大类。

滚动轴承有以下特点：

①由于滚动摩擦代替滑动摩擦，摩擦阻力小、启动快、效

率高；

②对于同一尺寸的轴颈滚动轴承的宽度小，可使机器轴向尺寸小，结构紧凑；

③运转精度高，径向游隙比较小并可用预紧完全消除；

④冷却、润滑装置结构简单，维护保养方便；

⑤不需要用有色金属，对轴的材料和热处理要求不高；

⑥滚动轴承为标准化产品，统一设计、制造，大批量生产，成本低；

⑦点、线接触，缓冲、吸振性能较差，承载能力低，寿命低，易点蚀。

在安装滚动轴承时，应当注意以下事项：

①必须确保安装表面和安装环境的清洁，不得有铁屑、毛刺、灰尘等异物进入；

②用清洁的汽油或煤油仔细清洗轴承表面，除去防锈油，再涂上干净优质润滑油脂方可安装，全封闭轴承不需清洗加油；

③选择合适的润滑剂，润滑剂不得混用；

④轴承充填润滑剂的数量以充满轴承内部空间 1/3～1/2 为宜，高速运转时应减少到 1/3；

⑤安装时切勿直接锤击轴承端面和非受力面，应以压块、套筒或其他安装工具使轴承均匀受力，切勿通过滚动体传动力安装。

（4）联轴器

用来连接不同机构中的两根轴（主动轴和从动轴）使之共同旋转以传递扭矩的机械零件。在高速重载的动力传动中，有些联轴器还有缓冲、减振和提高轴系动态性能的作用。联轴器由两半部分组成，分别与主动轴和从动轴连接。一般动力机大都借助于联轴器与工作机相连接。常用的联轴器可分为刚性联轴器、弹性联轴器和安全联轴器三类。

1) 刚性联轴器

刚性联轴器是通过若干刚性零件将两轴连接在一起,可分为固定式和可移式两类。这类联轴器结构简单、成本较低,但对中性要求高,一般用于平稳载荷或只有轻微冲击的场合。

如图 1-44 所示,凸缘式联轴器是一种常见的刚性固定式联轴器。凸缘联轴器由两个带凸缘的半联轴器用键分别和两轴连在一起,再用螺栓把两半联轴器连成一体。凸缘联轴器有两种对中方法:一种是用半联轴器结合端面上的凸台与凹槽相嵌合来对中,如图 1-44（a）所示;另一种是用部分环配合对中,如图 1-44（b）所示。

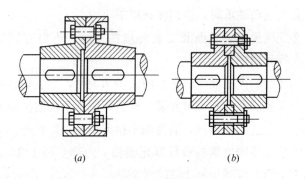

图 1-44　凸缘联轴器
(a) 凹槽配合；(b) 部分环配合

如图 1-45 所示,滑块联轴器是一种常见的刚性移动式联轴器。它由两个带径向凹槽的半联轴器和一个两面具有相互垂直的凸榫的中间滑块所组成,滑块上的凸榫分别和两个半联轴器的凹槽相嵌合,构成移动副,故可补偿两轴间的偏移。为减少磨损、提高寿命和效率,在榫槽间需定期施加润滑剂。当转速较高时,由于中间滑块的偏心将会产生较大的离心惯性力,给轴和轴承带来附加载荷,所以只适用于低速、冲击小的场合。

2) 弹性联轴器

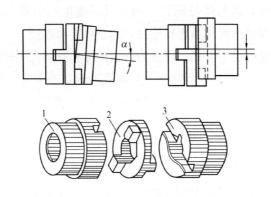

图 1-45 滑块联轴器

1—半联轴器；2—滑块；3—半联轴器

弹性联轴器种类繁多，它具有缓冲吸振，可补偿较大的轴向位移、微量的径向位移和角位移的特点，用在正反向变化多、启动频繁的高速轴上。如图 1-46 所示，是一种常见的弹性联轴器，它由两个半联轴器、柱销和胶圈组成。

3）安全联轴器

安全联轴器有一个只能承受限定载荷的保险环节，当实际载荷超过限定的载荷时，保险环节就发生变化，截断运动

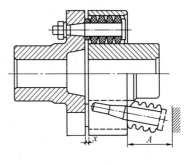

图 1-46 弹性联轴器

和动力的传递，从而保护机器的其余部分不致损坏。

1.3.4 螺栓连接和销连接

（1）螺栓连接

螺栓是由头部和螺杆（带有外螺纹的圆柱体）两部分组成的

一类紧固件，需与螺母配合，用于紧固连接两个带有通孔的零件。这种连接形式称为螺栓连接，属于可拆卸连接。

按连接的受力方式，可分为普通螺栓和铰制孔用螺栓。铰制孔用螺栓要和孔的尺寸配合，主要用于承受横向力。按头部形状，可分为六角头螺栓、圆头螺栓、方形头螺栓和沉头螺栓等，其中六角头螺栓是最常用的一种。按照螺栓性能等级，分为高强度螺栓和普通螺栓。

（2）销连接

销连接用来固定零件间的相互位置，也可用于轴和轮毂或其他零件的连接以传递较小的载荷，有时还用作安全装置中的过载剪切元件。

销主要用来固定零件之间的相对位置，起定位作用，也可用于轴与轮毂的连接，传递不大的载荷，还可作为安全装置中的过载剪断元件。圆柱销和圆锥销两种。

1）销的分类

销是标准件，其基本形式有圆柱销和圆锥销两种。

圆柱销连接不宜经常装拆，否则会降低定位精度或连接的紧固性。如图1-47所示。

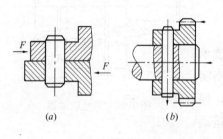

图1-47 圆柱销

圆锥销有1∶50的锥度，小头直径为标准值。圆锥销易于安装，定位精度高于圆柱销。如图1-48所示。

圆柱销和圆锥销孔均需铰制。铰制的圆柱销孔直径有四种不同配合精度，可根据使用要求选择。

2）销的选择

用于连接的销，可根据连接的结构特点按经验确定直径，必

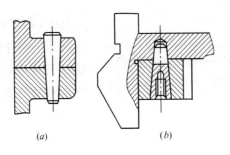

图 1-48　圆锥销

要时再作强度校核；定位销一般不受载荷或受很小载荷，其直径按结构确定，数目不得少于两个；安全销直径按销的剪切强度进行计算。销的材料一般采用 35 号钢或 45 号钢。

1.4　液压传动知识

在塔式起重机的顶升机构中广泛使用液压传动系统。

1.4.1　液压传动的基本原理

液压系统利用液压泵将机械能转换为液体的压力能，再通过各种控制阀和管路的传递，借助于液压执行元件（液压缸或马达）把液体压力能转换为机械能，从而驱动工作机构，实现直线往复运动和回转运动。

塔式起重机液压顶升机构，是一个简单、完整的液压传动系统，其工作原理如图 1-49 所示。

推动油缸活塞杆伸出时，手动换向阀 6 处于上升位置（图 1-49 所示左位），液压泵 4 由电机带动旋转后，从油箱 1 中吸油，油液经滤油器 2 进入液压泵 4，由液压泵 4 转换成压力油 $P \rightarrow A$

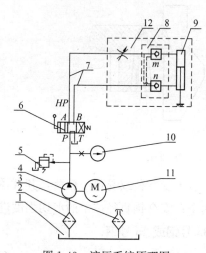

图 1-49 液压系统原理图

1—油箱；2—滤油器；3—空气滤清器；
4—液压泵；5—溢流阀；6—手动换向阀；
7—HP（高压胶管）；8—双向液压锁；
9—顶升油缸；10—压力表；11—电机
12—节流阀

→HP（高压胶管 7）→节流阀 12→液控单向阀 m→油缸无杆腔，推动缸筒上升，同时打开液控单向阀 n，以便回油反向流动。回油：有杆腔→液控单向阀 n→HP（高压胶管 7）→手动换向阀 B 口→T 口→油箱。

推动油缸活塞杆收缩时，手动换向阀 6 处于下降位置（图 1-49 所示右位），压力油 P 口→B→HP（高压胶管 7）→液控单向阀 n→油缸有杆腔，同时压力油也打开液控单向阀 m，以便回油反向流动。回油：油缸无杆腔→液控单向阀 m→HP（高压胶管 7）→手动换向阀 A 口→T 口→油箱。

卸荷：手动换向阀 6 处于中间位置。电机 11 启动，液压泵 4 工作，油液经滤油器 2 进入液压泵 4，再到换向阀 6 中间位置 P→T 回到油箱 1，此时系统处于卸荷状态。

1.4.2 液压传动系统的组成

液压传动系统由动力装置、执行装置、控制装置、辅助装置和工作介质等组成。

（1）动力装置，它供给液压系统压力，并将原动机输出的机械能转换为油液的压力能，从而推动整个液压系统工作，最常见的形式就是液压泵,它给液压系统提供压力。

(2) 执行装置,把液压能转换成机械能的装置即液压缸,以驱动工作部件运动。

(3) 控制装置,包括各种阀类,如压力阀、流量阀和方向阀等,用来控制液压系统的液体压力、流量(流速)和方向,以保证执行元件完成预期的工作运动。

(4) 辅助装置,指各种管接头、油管、油箱、过滤器和压力计等,起连接、储油、过滤和测量油压等辅助作用,以保证液压系统可靠、稳定、持久地工作。

(5) 工作介质,指在液压系统中,承受压力并传递压力的油液,一般为矿物油,统称为液压油。

1.4.3 液压油的特性及选用

液压油是液压系统的工作介质,也是液压元件的润滑剂和冷却剂,液压油的性质对液压传动性能有明显地影响。因此有必要了解有关液压油的性质、要求和选用方法。选择液压油时应当遵循以下的基本要求:

(1) 黏度适当,且黏度随温度的变化值要小;

(2) 化学稳定性好,在高温、高压等情况下能保持原有化学成分;

(3) 质地纯净,杂质少;

(4) 燃点高,凝固点低;

(5) 润滑性能好,对人体无害,成本低。

1.4.4 液压系统主要元件

(1) 液压泵

液压泵是液压系统的动力元件,其作用是将原动机的机械能转换成液体的压力能。液压泵的结构形式一般有齿轮泵、叶片泵和柱塞泵。其中,齿轮泵被广泛用于塔式起重机顶升机构。齿轮泵在结构上可分为外啮合齿轮泵和内啮合齿轮泵两种,常用的是外啮合齿轮泵。

如图1-50所示,外啮合齿轮泵的最基本形式,是两个尺寸相同的齿轮在一个紧密配合的壳体内相互啮合旋转,这个壳体的内部类似"8"字形,齿轮的外径及两侧与壳体紧密配合,组成了许多密封工作腔。当齿轮按一定的方向旋转时,一侧吸油腔由于相互啮合的齿轮逐渐脱开,密封工作腔容积逐渐增大,形成部分真空,因此油箱中的油液在外界大气压的作用下,经吸油管进入吸油腔,将齿间槽充满,并随着齿轮旋转,把油液带到右侧的压油腔内。在压油区的一侧,由于齿轮在这里逐渐进入啮合,密封工作腔容积不断减小,油液便被挤出去,从压油腔输送到压油管路中去。这里的啮合点处的齿面接触线一直起着隔离高、低压腔的作用。

外啮合齿轮泵的优点是:结构简单,尺寸小,重量轻,制造

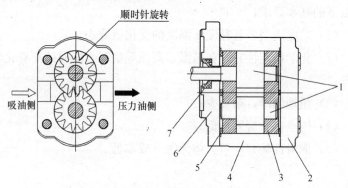

图1-50 齿轮泵

1—工作齿轮;2—后端盖;3—轴承体;4—铝质泵体;
5—密封圈;6—前端盖;7—轴封衬

方便,价格低廉,工作可靠,自吸能力强(容许的吸油真空度大),对油液污染不敏感,维护容易;缺点是一些机件承受不平衡径向力,磨损严重,内泄大,工作压力的提高受到限制。此外,它的流量脉动大,因而压力脉动和噪声都较大。

(2) 液压缸

液压缸一般用于实现往复直线运动或摆动,将液压能转换为机械能,是液压系统中的执行元件。

1) 液压缸的形式

液压缸按结构形式可分为活塞缸、柱塞缸和摆动缸等。活塞缸和柱塞缸实现往复直线运动,输出推力或拉力;摆动缸则能实现小于360°的往复摆动,可输出转矩。液压缸按油压作用形式又可分为单作用式液压缸和双作用式液压缸。单作用式液压缸只有一个外接油口输入压力油,液压作用力仅作单向驱动,而反行程只能在其他外力的作用下完成,如图 1-51 (a);双作用式液压缸是分别由液压缸两端外接油口输入压力油,靠液压油的进出推动液压杆的运动,如图 1-51 (b) 所示。

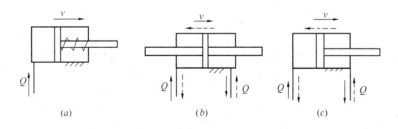

图 1-51 液压缸
(a) 单作用式液压缸;(b) 双作用式液压缸(双出杆);
(c) 双作用式液压缸(单出杆)

塔式起重机的液压顶升系统多使用单出杆双作用活塞式液压缸,如图 1-51 (c) 所示。

2) 液压缸的密封

主要指活塞与缸体、活塞杆与端盖之间的动密封以及缸体与端盖之间的静密封。密封性能的好坏将直接影响其工作性能和效率。因此，要求液压缸在一定的工作压力下具有良好的密封性能，且密封性能应随工作压力的升高而自动增强。此外还要求密封元件结构简单、寿命长、摩擦力小等。常用的密封方法有间隙密封和密封圈的密封。

3）液压缸的缓冲

液压缸的缓冲结构是为了防止活塞到达行程终点时，由于惯性力作用与缸盖相撞。液压缸的缓冲是利用油液的节流（即增大终点回油阻力）作用实现的。如图1-52所示，为常用的缓冲结构，活塞上的凸台和缸盖上的凹槽在接近时，油液经凸台和凹槽间

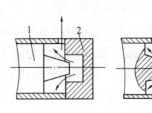

图1-52 缓冲结构
1—活塞；2—缸盖

的缝隙流出，增大回油阻力，产生制动作用，从而实现缓冲。

4）液压缸的排气

液压缸中如果有残留空气，将引起活塞运动时的爬行和振动，产生噪声和发热，甚至使整个系统不能正常工作，因此应在液压缸上增加排气装置。常用的排气装置为排气塞结构，如图1-53所示。排气装置应安装在液压缸的最高处。工作之前先打开排气塞，让活塞空载作往返移动，直至将空气排干净为止，然后拧紧排气塞进行工作。

（3）双向液压锁

双向液压锁广泛应用于工程机械及各种液压装置的保压油路中，一般情况下多见于油缸的保压。

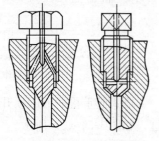

图1-53 液压缸的排气塞

双向液压锁是一种防止过载和液力冲击的安全溢流阀,安装在液压缸上端部。液压锁主要为了防止油管破损等原因导致系统压力急速下降,锁定液压缸,防止事故发生。如图 1-54 所示,其工作原理如下:当进油口 B 进油时,液压油正向打开单向阀 1 从 D 口进入油缸,推动油缸上升,油缸的回油经双向锁 C 口进入锁内,从 A 口排出(此时滑阀已将左边单向阀 2 打开),当 B 口停止进油时,单向阀 1 关闭,油缸内高压油不能从 D 口倒流,油缸保压。

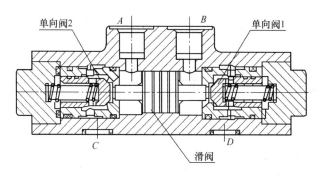

图 1-54 双向液压锁

(4) 溢流阀

溢流阀是一种液压压力控制阀,通过阀口的溢流,使被控制系统压力维持恒定,实现稳压、调压或限压作用。

1) 定压溢流作用

在液压系统中,定量泵提供的是恒定流量。当系统压力增大时,会使流量需求减小。此时溢流阀开启,使多余流量溢回油箱,保证溢流阀进口压力,即泵出口压力恒定。塔式起重机液压系统中的溢流阀已调定,用户不用再调。

2) 安全保护作用

系统正常工作时,阀门关闭。只有系统压力超过调定压力时开启溢流,进行过载保护,使系统压力不再增加。

溢流阀分直动式溢流阀和先导式溢流阀两种。直动式溢流阀,由阀体、阀芯、调压弹簧、弹簧座、调节螺母等组成,如图1-55所示。先导式溢流阀,由主阀和先导阀两部分组成,如图1-56所示。

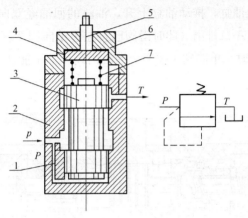

图1-55　直动式溢流阀

1—阻尼孔；2—阀体；3—阀芯；4—弹簧座；
5—调节螺杆；6—阀盖；7—调压弹簧

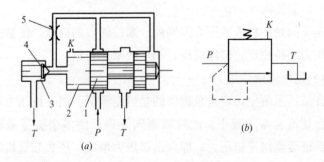

图1-56　先导式溢流阀

1—主阀；2—主阀弹簧；3—先导阀；4—调压弹簧；5—阻尼孔

(5) 减压阀

减压阀是一种利用液流流过缝隙产生压降的原理,使出口油压低于进口油压的压力控制阀,以满足执行机构的需要。减压阀有直动式和先导式两种,一般采用先导式,如图1-57所示。在液压系统中,减压阀应用于要求获得稳定低压的回路中,如夹紧油路或提供稳定的控制压力油。此外,减压阀还可用来限制工作机构的作用力,减少压力波动带来的影响,改善系统的控制性能。

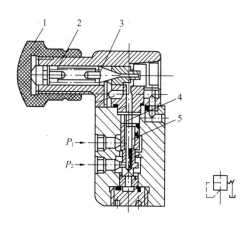

图1-57 先导式减压阀的结构和图形符号
1—调节螺母;2—调压弹簧;3—锥阀;
4—主阀弹簧;5—阀芯

(6) 换向阀

换向阀是借助于阀芯与阀体之间的相对运动来改变油液流动方向的阀类。按阀芯相对于阀体的运动方式不同,换向阀可分为滑阀(阀芯移动)和转阀(阀芯转动)。按阀体连通的主要油路数不同,换向阀可分为二通、三通、四通等;按阀芯在阀体内的工作位置数不同,换向阀可分为二位、三位、四位等;按操作方式不同,换向阀可分为手动、机动、电磁动、液动、电液动等;按阀芯的定位方式不同,换向阀可分为钢球定位和弹簧复位两种。

三位四通阀,如图1-58所示,阀芯有三个工作位置左、中、右，阀体上有四个通路 O、A、B、P（P 为进油口，O 为回油口，A、B 为通往执行元件两端的油口）。当阀芯处于中位时 [图 1-58（a）]，各通道均堵住，油缸两腔既不能进油，又不能回油，此时活塞锁住不动。当阀芯处于左位时 [图 1-58（b）]，压力油从 P 口流入，A 口流出，回油从 B 口流入，O 口流回油箱。当阀芯处于右位时 [图 1-58（c）]，压力油从 P 口流入，B 口流出，回油由 A 口流入，O 口流回油箱。

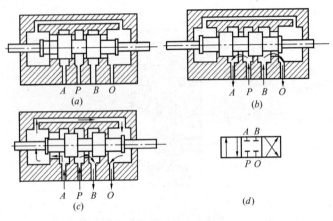

图 1-58　三位四通阀

（a）滑阀处于中位；（b）滑阀移到左边；（c）滑阀移到右边；（d）图形符号

(7) **顺序阀**

顺序阀是串联于回路上，用来控制液压系统中两个或两个以上工作机构的先后顺序，利用系统中的压力变化来控制油路通断。顺序阀分为直动式和先导式，又可分为内控式和外控式。应用较广的是直动式，如图 1-59 所示。

(8) **流量控制阀**

流量控制阀是通过改变液流的通流截面来控制系统工作流量，以改变执行元件运动速度的阀，简称流量阀。常用的流量阀有节流阀和调速阀等。如图 1-60 所示，为普通节流阀结构图。

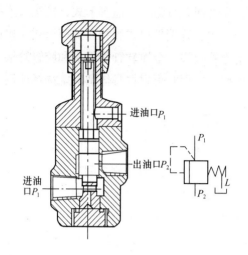

图 1-59 直动式顺序阀

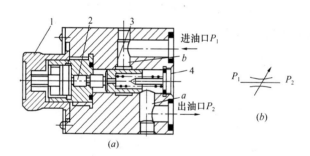

图 1-60 普通节流阀
1—手柄；2—推杆；3—阀芯；4—弹簧

（9）液压辅件

1）油管

油管的作用是连接液压元件和输送液压油。在液压系统中常用的油管有钢管、铜管、塑料管、尼龙管和橡胶软管，可根据具体用途进行选择。

2）管接头

管接头用于油管与油管、油管与液压件之间的连接。管接头按通路数可分为直通、直角、三通等形式,按接头连接方式可分为焊接式、卡套式、管端扩口式和扣压式等形式。按连接油管的材质可分为钢管管接头、金属软管管接头和胶管管接头等。我国已有管接头标准,使用时可根据具体情况,选择使用。

3) 油箱

油箱主要功能是储油、散热及分离油液中的空气和杂质。油箱的结构如图 1-61 所示,形状根据主机总体布置而定。它通常用钢板焊接而成,吸油侧和回油侧之间有两个隔板 7 和 9,将两区分开,以改善散热并使杂质多沉淀在回油管一侧。吸油管 1 和回油管 4 应尽量远离,但距箱边应大于管径的三倍。加油用滤网 2 设在回油管一侧的上部,兼起过滤空气的作用。盖上面装有通气罩 3。为便于放油,油箱底面有适当的斜度,并设有放油塞 8,油箱侧面设有油标 6,以观察油面高度。当需要彻底清洗油箱时,可将箱盖 5 卸开。

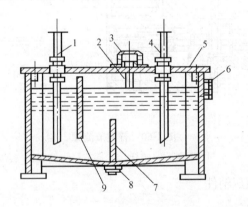

图 1-61 油箱结构示意图

1—吸油管;2—滤网;3—通气罩;4—回油管;5—油箱盖;
6—油标;7—隔板;8—放油塞;9—隔板

油箱容积主要根据散热要求来确定,同时还必须考虑机械在停止工作时系统油液在自重作用下能全部返回油箱。

4）滤油器

滤油器的作用是分离油中的杂质，使系统中的液压油经常保持清洁，以提高系统工作的可靠性和液压元件的寿命。液压系统中的所有故障80%左右是因污染的油液引起的，因此液压系统所用的油液必须经过过滤，并在使用过程中要保持油液清洁。油液的过滤一般都先经过沉淀，然后经滤油器过滤。

滤油器按过滤情况可分为粗滤油器、普通滤油器、精滤油器和特精滤油器。按结构可分为网式、线隙式、烧结式、纸芯式和磁性滤油器等形式。滤油器可以安装在液压泵的吸油口、出油口以及重要元件的前面。通常情况下，泵的吸油口装粗滤油器，泵的出油口和重要元件前装精滤油器。

2 塔式起重机概述

2.1 塔式起重机的类型和特点

2.1.1 塔式起重机的概述

(1) 塔式起重机的用途及发展

塔式起重机主要用于房屋建筑施工中物料的垂直和水平输送及建筑构件的安装。塔式起重机简称塔机,亦称塔吊,起源于西欧。1941年,有关塔式起重机的德国工业标准DIN8670公布。该标准规定以吊载(t)和幅度(m)的乘积(t·m)即以起重力矩表示塔式起重机的起重能力。

我国的塔式起重机行业于20世纪50年代开始起步,从20世纪80年代,随着高层建筑的增多,塔式起重机的使用越来越普遍;进入21世纪,塔式起重机制造业进入了一个迅速的发展时期,自升式、水平吊臂式等塔式起重机得到了广泛应用。

从塔式起重机的技术发展方面来看,新的产品层出不穷,新产品在生产效能、操作简便、保养容易和运行可靠方面均有提高。目前,塔式起重机的研究正向着组合式发展,即以塔身结构为核心,按结构和功能特点,将塔身分解成若干部分,并依据系列化和通用化要求,遵循模数制原理再将各部分划分成若干模块。根据参数要求,选用适当模块分别组成具有不同技术性能特征的塔式起重机，以满足施工的具体需求。推行组合式的塔式起重机有助于加快塔式起重机产品开发进度，节省产品开发费用，并能更好的为客户服务。

（2）塔式起重机的型号意义

根据国家建筑机械与设备产品型号编制方法的规定，塔式起重机的型号标识有明确的规定。如QTZ80C表示如下含义：

　　Q——起重，汉语拼音的第一个字母

　　T——塔式，汉语拼音的第一个字母

　　Z——自升，汉语拼音的第一个字母

　　80——最大起重力矩（t·m）

　　C——更新、变型代号

其中，更新、变型代号用英文字母表示；主要参数代号用阿拉伯数字表示，它等于塔式起重机额定起重力矩（单位为kN·m）$\times 10^{-1}$；组、型、特性代号含义如下：

　　QT——上回转塔式起重机

　　QTZ——上回转自升塔式起重机

　　QTA——下回转塔式起重机

　　QTK——快装塔式起重机

　　QTQ——汽车塔式起重机

　　QTL——轮胎塔式起重机

　　QTU——履带塔式起重机

　　QTH——组合塔式起重机

　　（QTP——内爬升式塔式起重机）

　　（QTG——固定式塔式起重机）

目前，许多塔式起重机厂家采用国外的标记方式进行编号，即用塔式起重机最大臂长（m）与臂端（最大幅度）处所能吊起的额定重量（kN）两个主参数来标记塔式起重机的型号。如TC5013A，其意义：

T——塔的英语单词第一个字母（Tower）

C——起重机的英语单词第一个字母（Crane）

50——最大臂长50m

13——臂端起重量13kN

A——设计序号

另外，也有个别塔式起重机生产厂家根据企业标准编制型号。

2.1.2 塔式起重机的分类及特点

（1）塔式起重机的分类

塔式起重机的分类方式有多种，从其主体结构与外形特征考虑，基本上可按架设方式、变幅方式、旋转部位和行走方式区分。

1）按架设方式

自升式塔式起重机分为快装式塔式起重机和非快装式塔式起重机。

2）按变幅方式

塔式起重机按变幅方式分为小车变幅式塔式起重机和动臂变幅式塔式起重机。

动臂变幅塔式起重机是靠起重臂仰俯来实现变幅的，如图2-1（a）所示。其优点是：能充分发挥起重臂的有效高度，缺点是最小幅度被限制在最

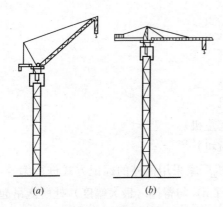

图2-1 按变幅方式

(a) 动臂式；(b) 小车变幅式

大幅度的30%左右,不能完全靠近塔身。小车变幅式塔式起重机是靠水平起重臂轨道上安装的小车行走实现变幅的,如图2-1(b)所示。其优点是:变幅范围大,载重小车可驶近塔身,能带负荷变幅。

3)按臂架结构形式

①小车变幅塔式起重机按臂架结构形式分为定长臂小车变幅塔式起重机、伸缩臂小车变幅塔式起重机和折臂小车变幅塔式起重机。

②按臂架支承形式小车变幅塔式起重机又可分为平头式塔式起重机,如图2-2(b)和非平头式塔式起重机如图2-2(a)、图2-2(c)~(e)所示。

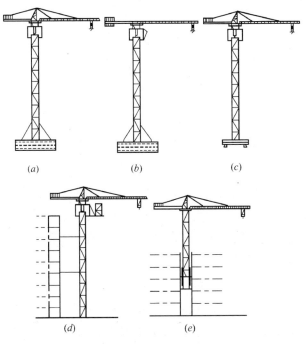

图2-2 各种塔式起重机形式

(a)、(b)、(d)固定式;(c)轨道式;(e)内爬式

平头式塔式起重机最大特点是无塔帽和臂架拉杆。由于臂架采用无拉杆式，此种设计形式很大程度上方便了空中变臂、拆臂等操作，避免了空中安拆拉杆的复杂性及危险性。

③动臂变幅塔式起重机按臂架结构形式分为定长臂动臂变幅塔式起重机与铰接臂动臂变幅塔式起重机。

4）按回转方式

塔式起重机按回转方式分为上回转式和下回转式塔式起重机，如图2-3所示。

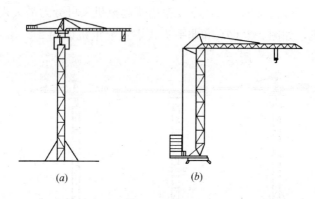

图2-3 按回转方式
(a)上回转式；(b)下回转式

上回转式塔式起重机将回转总成、平衡重、工作机构均设置在上端，工作时只有起重臂、塔帽、平衡臂一起回转，其优点是能够附着，达到较高的工作高度。由于塔身不回转，可简化塔身下部结构、顶升加节方便。

下回转式塔式起重机将回转总成、平衡重、工作机构等均设置在下端，其优点是：塔身所受弯矩较少，重心低，稳定性好，安装维修方便，缺点是对回转支承要求较高，使用高度受到限制，驾驶室一般设在下回转台上，操作视线不开阔。

5）按底架行走方式

塔式起重机按底架行走方式分为固定式、轨道行走式和内爬式三种，如图2-2所示。三种塔式起重机各有特点，在选择时应根据使用要求来确定。

（2）塔式起重机的特点

1）工作高度高，有效起升高度大，特别有利于分层、分段安装作业，能满足建筑物垂直运输的全高度；

2）塔式起重机的起重臂较长，其水平覆盖面广；

3）塔式起重机具有多种工作速度、多种作业性能，生产效率高；

4）塔式起重机的驾驶室一般设在与起重臂同等高度的位置，司机的视野开阔；

5）塔式起重机的构造较为简单，维修、保养方便。

2.2 塔式起重机的性能参数

塔式起重机的主要技术性能参数包括起重力矩、起重量、幅度、自由高度（独立高度）、最大高度等；其他参数包括：工作速度、结构重量、尺寸、（平衡臂）尾部尺寸及轨距轴距等。

2.2.1 起重力矩

起重量与相应幅度的乘积为起重力矩，过去的计量单位为 t·m，现行的计量单位为 kN·m。换算关系：1t·m＝10kN·m。

额定起重力矩是塔式起重机工作能力的最重要参数，它是塔式起重机工作时保持塔式起重机稳定性的控制值。塔式起重机的起重量随着幅度的增加而相应递减，因此，在各种幅度时都有额定的起重量，不同幅度和相应的起重量绘制成起重特性曲线图，使操作人员明白在不同幅度下的额定起重量,防止超载。一般情况下,塔式起重机可以根据需要安装不同的臂长,每一种臂长的起重臂都有其特定的起重曲线,如图 2-4 所示,为 QT63 型塔式起重机起重特性曲线;表 2-1 给出了工作幅度为 50m 的 QT63 型塔式起重机的起重特性。

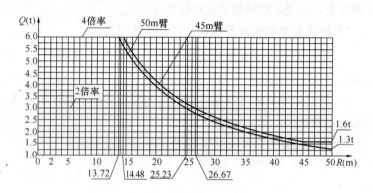

图 2-4　QT63 型塔式起重机起重特性曲线

2.2.2　起重量

起重量是吊钩能吊起的重量,其中包括吊索、吊具及容器的重量。起重量因幅度的改变而改变,因此每台起重机都有自己本身的起重量与起重幅度的对应表,俗称起重特性表。如表 2-1 所示,为工作幅度为 50m 的 QT63 型塔式起重机的起重特性表。

QT63 型塔式起重机起重特性表　　表 2-1

幅度(m)		2~13.72	14	14.48	15	16	17	18	19
吊重(kg)	2绳	3000	3000	3000	3000	3000	3000	3000	3000
	4绳	6000	5865	5646	5426	5046	4712	4417	4154

续表

幅度（m）	20	21	22	23	24	25	25.23	26	26.67
吊重（kg） 2绳	3000	3000	3000	3000	3000	3000	3000	2897	2812
吊重（kg） 4绳	3918	3706	3514	3339	3180	3032			
幅度（m）	27	28	29	30	31	32	33	34	35
吊重（kg） 2绳	2772	2656	2549	2449	2355	2268	2186	2108	2036
吊重（kg） 4绳									
幅度（m）	36	37	38	39	40	41	42	43	44
吊重（kg） 2绳	1967	1902	1841	1783	1728	1676	1626	1578	1533
吊重（kg） 4绳									
幅度（m）	45	46	47	48	49	50			
吊重（kg） 2绳	1490	1449	1409	1371	1335	1300			
吊重（kg） 4绳									

2.2.3 幅度

幅度是从塔式起重机回转中心线至吊钩中心线的水平距离，通常称为回转半径或工作半径。

2.2.4 起升高度

起升高度也称吊钩有效高度，是从塔式起重机基础基准表面（或行走轨道顶面）到吊钩支承面的垂直距离。

2.2.5 工作速度

塔式起重机的工作速度包括：起升速度、变幅速度、回转速度、行走速度等。

(1) 起升速度：起吊各稳定运行速度挡对应的最大额定起重量，吊钩上升过程中稳定运动状态下的上升速度。

(2) 小车变幅速度：对小车变幅塔式起重机，起吊最大幅度时的额定起重量、风速小于 3m/s 时，小车稳定运行的速度。

(3) 回转速度：塔式起重机在最大额定起重力矩载荷状态、风速小于 3m/s、吊钩位于最大高度时的稳定回转速度。

(4) 行走速度：空载、风速小于 3m/s，起重臂平行于轨道方向时塔式起重机稳定运行的速度。

2.2.6 尾部尺寸

下回转起重机的尾部尺寸是由回转中心至转台尾部（包括压重块）的最大回转半径。上回转起重机的尾部尺寸是由回转中心线至平衡臂尾部（包括平衡重）的最大回转半径。

2.2.7 结构重量

结构重量即塔式起重机的各部件的重量。结构重量、外形轮廓尺寸是运输、安装拆卸塔式起重机时的重要参数，各部件的重量、尺寸以塔式起重机使用说明书上标注的为准。

2.3 塔式起重机的结构组成及工作原理

2.3.1 塔式起重机的组成

塔式起重机由金属结构、工作机构、电气系统和安全装置等组成。

（1）金属结构，由起重臂、平衡臂、塔帽、回转总成、顶升套架、塔身、底架和附着装置等组成；

（2）工作机构，包括起升机构、行走机构、变幅机构、回转机构、液压顶升机构等；

（3）电气系统，由驱动、控制等电气装置组成；

（4）安全装置，包括起重量限制器、起重力矩限制器、起升高度限位器、幅度限位器、回转限位器、运行限位器、小车断绳保护装置、小车防坠落装置、抗风防滑装置、钢丝绳防脱装置、报警装置、风速仪、工作空间限制器等。

2.3.2 塔式起重机的金属结构

塔式起重机的金属结构包括塔身、起重臂、平衡臂、塔帽、回转总成、顶升套架、底架。

（1）塔身

塔身是塔式起重机结构的主体，支撑着塔式起重机上部的重量和载荷的重量，通过底架或行走台车直接传到塔式起重机基础上，其本身还要承受弯矩和垂直压力。

塔身结构大多用角钢焊成，也有采用圆形、矩形钢管焊成的，现今塔式起重机均采用方形断面。它的腹杆形式有 K 字形、三角形、交叉腹杆等，如图 2-5 所示。塔身节的构造形式分为全焊接整体结构（标准节）和拼装式结构（由单片桁架或 L 形桁架拼装而成）。前者的优点是安装方便，节省工时，缺点是运输或堆存时占用空间大，费用高。后者加工精度高，制作难度大，但堆放占地小，运费低。塔身节普遍采用套筒螺栓连接、铰制孔螺栓连接和销轴连接等方式，如图 2-6 所示。塔身节内必须设置爬梯，以便工作人员上下。

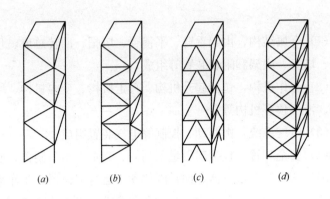

图 2-5 塔身的腹杆形式

(a)、(b) K 字形；(c) 三角形；(d) 交叉腹杆

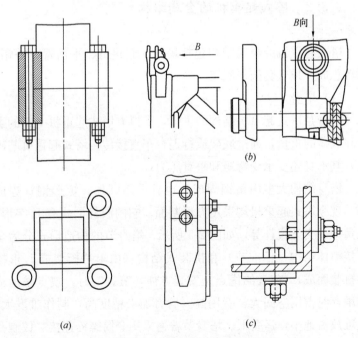

图 2-6 标准节连接构造示意图

(a) 套筒螺栓连接；(b) 销轴连接；(c) 铰制孔螺栓连接

（2）起重臂

起重臂的形式有动臂式臂架、水平臂式臂架和折臂式臂架，如图 2-7 所示。

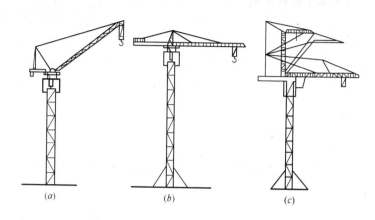

图 2-7　塔式起重机的臂架

(a) 动臂式臂架；(b) 水平臂式臂架；(c) 折臂式臂架

动臂式臂架如图 2-7（a）所示，臂架主要承受轴向压力，依靠改变臂架的倾角来实现塔式起重机工作幅度的改变。水平臂式臂架如图 2-7（b）所示，工作时臂架主要承受轴向力及弯矩作用，依靠起重小车的移动来实现塔式起重机工作幅度的改变。臂架的弦杆和腹杆可采用型钢和无缝钢管制成。

1）动臂式臂架

动臂式臂架，如图 2-8 所示，臂架中间部分采用等截面平行弦杆，两端为梯形或三角形形式。为了便于运输、安装和拆卸，

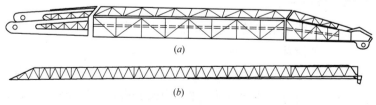

图 2-8　动臂式臂架

臂架中间部分可以制成若干段标准节，用销轴或螺栓将它们连接起来。

2）水平臂式臂架

水平臂式臂架，如图 2-9 所示，又称小车变幅式臂架，臂架根部通过销轴与塔身连接，在起重臂上设有吊点耳环通过拉杆（或钢丝绳）与塔帽顶部连接。吊点可设在臂架下弦如图 2-9（a）所示，亦可设在上弦，如图 2-9（b）、（c）所示。小车沿臂架下弦运行。

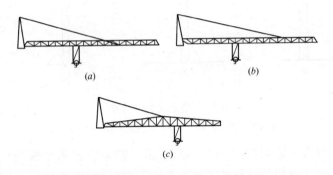

图 2-9 水平臂式臂架

(a) 吊点设在下弦；(b)、(c) 吊点设在上弦

水平臂式臂架截面一般有三种，如图 2-10 所示。图 2-10（c）所示为倒三角形截面，图 2-10（a）、（b）为正三角形截面，一般臂架截面采用三角形截面。起重臂一般分成若干节，以便于运输和拼装。节和节之间采用销轴或螺栓连接。

3）折臂式臂架

折臂式臂架结构较复杂，目前很少应用，在此不再赘述。

（3）平衡臂

上回转塔式起重机均需配设平衡臂，其功能是平衡起重力矩。除平衡重外，还常在其尾部装设起升机构。起升机构之所以同平衡重一起安放在平衡臂尾端，一是可发挥部分配重作用，二是可以增大钢丝绳卷筒与塔帽导轮间的距离，以利钢丝绳的排绕，避免发生乱绳现象。

1) 平衡臂的形式

如图 2-11 所示，常用的平衡臂有以下几种形式：

①平面框架式平衡臂，由两根槽钢纵梁或槽钢焊成的箱形断面组合梁和杆系构成，在框架的上平面铺有走道板，道板两旁设有防护栏杆。这种臂架的结构特点是结构简单，易加工。

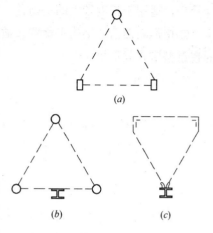

图 2-10 起重臂臂架截面

(a)、(b) 正三角形截面；(c) 倒三角形截面

②三角形断面桁架式平衡臂，又分为正三角形和倒三角形两种形式，此类平衡臂的构造与平面框架式起重臂结构相似，但较

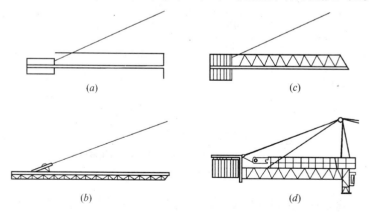

图 2-11 平衡臂示意图

(a) 平面框架式平衡臂；(b) 倒三角形断面桁架式平衡臂；(c) 正三角形断面桁架式平衡臂；(d) 矩形断面桁架结构平衡臂

为轻巧,适用于长度较大的平衡臂。

③矩形断面桁架结构平衡臂,适用于小车变幅水平臂架较长的超重型塔式起重机。

2) 平衡重

平衡重一般用钢筋混凝土或铸铁制成。平衡重的用量与平衡臂的长度成反比,与起重臂的长度成正比;平衡重应与不同长度的起重臂匹配使用,具体操作应按照产品说明书要求。

(4) 塔帽和驾驶室

塔帽功能是承受起重臂与平衡臂拉杆传来的载荷,并通过回转塔架、转台、承座等结构部件将载荷传递给塔身,也有些塔式起重机塔帽上设置主卷扬钢丝绳固定滑轮、风速仪及障碍指示灯。塔式起重机的塔帽结构形式有多种,较常用的有截锥柱式、人字架式及斜撑架式等形式。截锥柱式又分为直立截锥柱式、前倾截锥柱式或后倾截锥柱式,如图 2-12 所示。

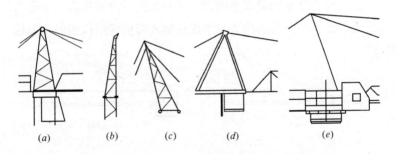

图 2-12 塔帽的结构形式

(a) 直立截锥柱式;(b) 前倾截锥柱式;(c) 后倾截锥柱式;
(d) 人字架式;(e) 斜撑架式

驾驶室一般设在塔帽一侧平台上,内部安置有操纵台和电子控制仪器盘。驾驶室内一侧附有起重特性表。

(5) 回转总成

回转总成由转台、回转支承、支座等组成,回转支承介于转台与支座之间，转台与塔帽联结，支座与塔身联结，如图 2-13 所示。

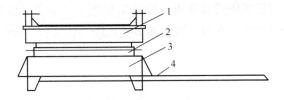

图 2-13 上回转塔式起重机回转总成结构示意图
1—转台；2—回转支承；3—支座；4—引进轨道

上回转塔式起重机的回转总成位于塔身顶部，用以承受转台以上全部结构的自重和工作载荷，并将上部载荷下传给塔身结构。转台装有一套或多套回转机构。

下回转塔式起重机的回转装置位于塔式起重机根部。

（6）顶升套架

顶升套架根据构造特点，可分为整体式和拼装式；根据套架的安装位置，可分为外套架和内套架。顶升套架主要由钢管、槽钢、钢板等组焊成框架结构，套架的前侧引入标准节部位为开口结构，套架后侧或中间装有顶升油缸和顶升梁。根据标准节引入方式不同，采用下引进方式的，引进平台安装在爬升套架上；采用上引进方式的，引进梁安装在塔式起重机的回转下支座上。爬升套架上端通过销轴或螺栓固定在塔式起重机的回转下支座上。顶升完毕后，塔式起重机正常工作状态下套架一般留于原处。但对于大中型塔式起重机，为了减轻风载荷对塔身的影响，保持塔式起重机的整体稳定性，当独立高度超过说明书要求第一道附着高度以上时，顶升完毕后可将爬升套架落至离基础平面 0.5m 处。

（7）底架

塔式起重机的底架是塔身的支座。塔式起重机的全部自重和荷载都要通过它传递到底架下的混凝土基础或行走台车上，如图2-14所示。

1）固定式塔式起重机一般采用底架十字梁式（预埋地脚螺栓）、预埋脚柱（支腿）或预埋节式。图2-14（a）～图2-14（c）所示。

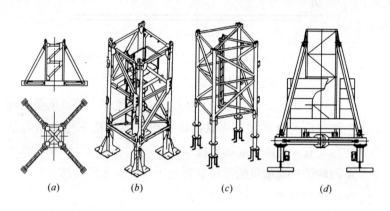

图2-14 底架

(a) 十字梁式；(b)、(c) 预埋脚柱式；(d) 行走底架式

2）行走台车架

行走台车架，如图2-14（d）所示，由架体、动力装置（主动）和无动力装置（从动）组成，它把起重机的自重和载荷力矩通过行走轮传递给轨道。

行走台车架端部装有夹轨器，其作用是在非工作状况或安装阶段钳住轨道，以保证塔式起重机的自身稳定。

（8）附着装置

当塔式起重机的工作高度超过其独立工作高度时，需要设置附着装置来增加其稳定性，附着装置的设置应根据塔式起重机的工作高度及时安装，塔式起重机附着应严格按照厂家说明书设置。

塔式起重机附着有多种形式，如图2-15所示。

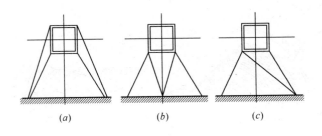

图 2-15 塔式起重机附着装置形式
（a）四联杆两点固定；（b）四联杆三点固定；（c）三联杆两点固定

2.3.3 塔式起重机的工作机构

塔式起重机的工作机构有起升机构、变幅机构、回转机构、行走机构和液压顶升机构等。

（1）起升机构

1）起升机构组成

起升机构通常由起升卷扬机、钢丝绳、滑轮组及吊钩等组成。

起升卷扬机由电动机、制动器、变速箱、联轴器、卷筒等组成，如图 2-16 所示。

电机通电后通过联轴器带动变速箱进而带动卷筒转动，电机正转时，卷筒放出钢丝绳；电机反转时，卷筒收回钢丝绳，通过滑轮组及吊钩把重物提升或下降，如图 2-17 所示。

2）起升机构滑轮组倍率

起升机构中常采用滑轮组，通过倍率的转换来改变起升速度和起重量。塔式起重机滑轮组倍率大多采用 2、4 或 6。当使用大倍率时，可获得较大的起重量，但降低了起升速度；当使用小倍率时，可获得较快的起升速度，但降低了起重量。

3）起升机构的调速

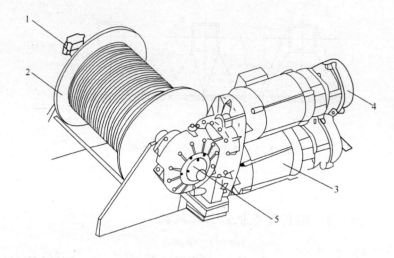

图 2-16 起升卷扬机示意图

1—限位器;2—卷筒;3—绕线异步电动机;4—制动器;5—变速箱

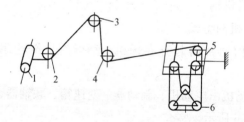

图 2-17 起升机构钢丝绳穿绕示意图

1—起升卷扬机;2—排绳滑轮;3—塔帽导向轮;
4—起重臂根部导向滑轮;5—变幅小车滑轮组;
6—吊钩滑轮组

起升机构有多种速度,在轻载、空载以及起升高度较大时,均要求有较高的工作速度,以提高工作效率;在重载、运送大件物品以及被吊重物就位时,为了安全可靠和准确就位要求较低工作速度。起升机构的调速分有级调速和无级调速两类。

①有级调速

(a) 绕线电机转子串电阻调速。这种调速通过在转子绕组中串接可变电阻，用操作手柄发出主令信号控制接触器，来切换电阻改变电机的转速，从而实现平稳启动和均匀调速的要求。有些绕线电机转子串接电阻调速，还可增加电磁换挡减速器，这种方式可使调速挡数增加一倍。

(b) 变极调速。鼠笼式电机通过改变极数的方法可以获得高低两挡工作速度和一挡慢就位速度，基本上可满足塔式起重机的调速要求，使机构简化，但换挡时冲击较大，调速范围为1：8左右，且不能较长时间低速运行。主要用于40t·m以下的轻小型塔式起重机。变极调速还可增加电磁换挡减速器，可使调速挡数增加一倍，这种调速主要在起重能力450~900kN·m的塔式起重机上日趋普及应用。

(c) 双速绕线式转子串电阻调速。该电机有两种极对数，通过串电阻和变极两种方式进行调速。

(d) 双电机驱动调速。这种调速应用较多的是采用两台绕线型电机驱动。两台绕线型电机通过速比为1：2的齿轮相连，一台作为驱动电机，另一台则用作制动电机。双电机调速也可采用一台绕线型电机加一台笼型电机或两台多速笼型电机驱动，可得到不同的调速特性。这种起升机构可在负载运动中调速，能以最大速度实现空钩下降，从而提高生产效率，吊载能精确就位，工作平稳，调速范围大，可达1：40。但机构相对复杂，其传动部件需专门设计制造。主要应用于大中型塔式起重机。

②无级调速

目前塔式起重机主卷扬调速主要是通过变频器对供电电源的电压和频率进行调节，使电动机在变换的频率和电压条件下以所需要的转速运转。可使电机功率得到较好的发挥，达到无级调速效果。

各种不同的速度挡位对应于不同的起重量，以符合重载低速、轻载高速度的要求。为了防止起升机构发生超载事故，有级变速的起升机构对载荷升降过程中的换挡应有明确的规定，并应设有相应的载荷限制安全装置，如起重量限制器上应按照不同挡位的起重量分别设置行程开关。

4）起升机构的变速箱形式

起升机构采用的变速箱通常有圆柱齿轮变速箱、蜗轮变速箱、行星齿轮变速箱等。如图 2-18 所示是一种圆柱齿变速箱。

（2）变幅机构

塔式起重机的变幅机构也是一种卷扬机构，由电动机、变速箱、卷筒、制动器和机架组成。塔式起重机的变幅方式基本上有两类：一类是起重臂为水平形式，载重小车沿起重臂上的轨道移动而改变幅度，称为小车变幅式；另一类是利用起重臂俯仰运动而改变臂端吊钩的幅度，称为动臂变幅式。

小车变幅机构，如图 2-19 所示；小车变幅钢丝绳穿绕，如图 2-20 所示。

（3）回转机构

图 2-18 起升机构变速箱

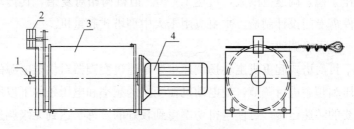

图 2-19 变幅机构示意图

1—注油孔；2—限位器；3—卷筒；4—电动机

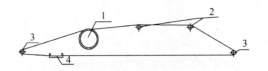

图 2-20　小车变幅钢丝绳穿绕示意图
1—滚筒；2—导向轮；3—臂端导向轮；4—变幅小

塔式起重机回转机构由电动机、液力耦合器、制动器、变速箱和回转小齿轮等组成。回转机构的传动方式一般是电动机通过液力耦合器、变速箱带动小齿轮围绕大齿圈转动，驱动塔式起重机回转以上部分作回转运动，如图 2-21 所示。

塔式起重机回转机构具有调速和制动功能，调速分有级调速和无级调速。有级调速主要有变极调速，绕线式电机调速等；无级调速主要有电磁转差离合器调速，调压调速等。无级调速主要应用于大型塔式起重机上。

塔式起重机的起重臂较长，迎风面较大，风载产生的扭矩大。因此，塔式起重机的回转机构一般均采用常开式制动器，即在非工作状态下，制动器松闸，使起重臂可以随风向自由转动，臂端始终指向顺风的方向。

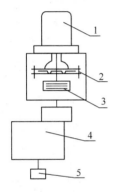

图 2-21　回转机构示意图
1—电动机；2—液力耦合器；3—制动器；4—变速箱；5—回转小齿轮

（4）行走机构

塔式起重机行走机构的作用是驱动塔式起重机沿轨道行驶，如图 2-22 所示。行走机构由电动机、减速箱、制动器、行走轮和台车等组成。

（5）液压顶升机构

图 2-22 行走机构

液压顶升系统一般由泵站、液压缸、操纵阀、液压锁、油箱、滤油器、高低压管道等元件组成,如图 2-23 所示。

如图 2-24 所示,为 QTZ63 塔式起重机液压顶升系统。该系统属侧向顶升系统,液压顶升系统的工作情况如下:

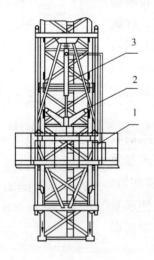
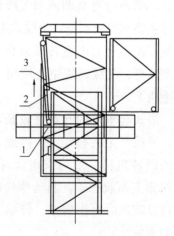

图 2-23 顶升机构示意图　　图 2-24 加节示意图
1—泵站;2—顶升横梁;　　　1—泵站;2—顶升横梁;
　　3—液压缸　　　　　　　　　3—液压缸

1) 顶升前的准备

①顶升作业应在白天进行,只许在四级风以下进行顶升作

业，在顶升过程中，把回转部分紧紧刹住，严禁回转及其他作业，在顶升过程中，如发现故障，必须立即停车检查。

②清理好各个标准节，在标准节连接处涂上黄油，将待顶升加高用的标准节在顶升位置时的起重臂下排成一排，这样能使塔式起重机在整个顶升加节过程中不用回转机构作业，能使顶升加节过程所用时间最短。

③放松电缆长度略大于总的顶升高度，并紧固好电缆。

④将起重臂旋转至顶升套架前方，平衡臂处于套架的后方（顶升油缸正好位于平衡臂下方）。

⑤在套架平台上准备好塔身高强度螺栓。

2）顶升前塔式起重机的配平

①塔式起重机配平前，必须先将小车运行到配平参考位置，并吊起一节标准节（50m 臂长，小车停在约在 13m 幅度处；45m 臂长，小车停在约 16.5m 幅度处，如图 2-25 所示。实际操作中，观察到爬升架上四周 12 个导轮基本上与塔身标准节主弦杆脱开时，即为理想位置）。然后拆除回转下支座四支脚与标准节的连接螺栓。

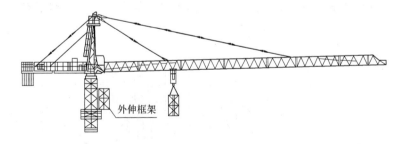

图 2-25 顶升前塔机的配平示意图

②将液压顶升系统操纵杆推至"顶升方向"，使套架顶升至下支座支脚刚刚脱离塔身的主弦杆的位置。

③通过检验下支座支脚与塔身主弦杆是否在一条直线上，并

观察套架8个滚轮与塔身主弦杆间隙是否基本相同，检查塔式起重机是否平衡。略微调整小车的配平位置，直至平衡。使得塔式起重机上部重心落在顶升油缸梁的位置上。

④记下起重臂小车的配平位置，但要注意，这个位置随起重臂长度不同而改变。

⑤操纵液压系统使套架下降，连接好下支座和塔身标准节间的连接螺栓。

⑥将吊起的标准节放下。

3）顶升作业

①将安装好四个引进滚轮的塔身标准节吊起并安放在外伸框架上（标准节踏步侧必须与已安装好的标准节踏步一致），再吊起一个标准节调整小车到配平的位置，使得塔式起重机的上部重心落在顶升油缸的位置上，然后卸下塔身与下支座的8个M30×2×350的连接螺栓。

②开动液压系统，将顶升横梁（图2-26）顶在塔身就近一个踏步上，并将顶升横梁的锁紧销轴插入踏步销孔内。

③再开动液压系统使活塞杆伸长约1.25m。放平顶升套架上的顶升换步卡板（图2-27），稍缩活塞杆，使卡板搁在塔身的踏步上。

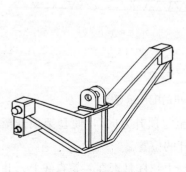

图2-26 顶升横梁

图2-27 顶升换步卡板

④抽出顶升横梁上的锁紧销轴,将油缸全部缩回,重新使顶升横梁顶在塔身上一个踏步上,并将锁紧销轴插入踏步销孔内。

⑤再次开动液压系统使活塞杆伸长约 1.25m。此时塔身上方恰好能有装入一个标准节的空间,利用引进滚轮在外伸框架上滚动,人力把标准节引至塔身的正上方,对准标准节的螺栓连接孔,稍缩油缸至上下标准节接触时,用 8 个 M30 高强度螺栓将上下塔身标准节连接牢靠,预紧力矩为 2.5kN·m,卸下引进滚轮。

⑥若继续加节,则可重复以上步骤。当顶升加节完毕,可调整油缸的伸缩长度,将下支座与塔身用 8 个 M30×2×350 高强度螺栓连接牢固,即完成顶升作业。

顶升作业时要特别注意锁紧销轴的使用。在顶升中,司机要听从指挥,严禁随意操作,防止臂架回转。

2.3.4 电气系统

塔式起重机的电气系统是由电源、电气设备、导线和低压电器组成的。从塔式起重机配备的开关箱接电,通过电缆送至驾驶室内空气开关再到电气控制柜,由设在操作室内的万能转换开关或联动台发生主令信号,对塔式起重机各机构进行操作控制。

(1) 塔式起重机的电源

塔式起重机的电源一般采用 380V、50Hz,三相五线制供电,工作零线和保护零线分开。工作零线用作塔式起重机的照明等 220V 的电气回路中。专用保护零线,常称 PE 线,首端与变压器输出端的工作零线相连,中间与工作零线无任何连接,末端进行重复接地。由于专用保护零线通常无电流流过,保护零线接在设备外壳上,不会产生任何电压,因此能起到比较可靠的保护作用。

(2) 塔式起重机的电路

1) 主电路：主电路是指从供电电源通向电动机或其他大功率电气设备的电路，主电路上的电流从几安培到几百安培。此电路还包括连接电机或大功率电气设备的开关、接触器、控制器等电器元件。

2) 控制电路：控制电路中有接触器、继电器、主令开关、限位器以及其他小功率电器元件等。

3) 辅助电路：辅助电路包括照明电路、信号电路、电热采暖电路等。可以根据不同情况与主电路或控制电路相连。

(3) 电气设备

塔式起重机的电气设备包括电机、控制电器（接触器、继电器、制动器）、保护电器（空气开关、限位开关、漏电保护器）、电阻器、配电柜、连接线路等。

1) 电机

塔式起重机一般采用交流电动机，按类型分为笼形异步电动机、绕线转子异步电动机等。其中，绕线转子异步电动机以其启动转矩大、启动平稳、控制简单等优点而应用最广。塔式起重机原采用的JZ_2、JZR_2系列电动机，现已由YZ、YZR系列电动机所代替。

2) 控制电器

控制电器用来控制绕线转子异步电动机的启动、停止、制动和反转，并可按一定次序切换电路中的一段电阻，以调节电动机转速。

①接触器、继电器

广泛应用于塔式起重机电气系统中，可频繁地接通断开，用以控制电器的运行。

②制动器

塔式起重机所有工作机构都装有制动器。制动器按结构形式分有瓦式和盘式；按驱动形式主要有液力推杆和电磁作用，通过弹簧和传力杆件作用于制动副，使制动副松开或抱紧，从而实现制动的功能。

3）保护电器

①自动空气开关，自动空气开关可以在电路发生故障时（短路、过载或失压）自动分开、切断电源（即自动跳闸）。

②限位开关，限位开关是用来控制接触器或继电器的线圈电路接通或断开的。它是通过机械或其他物件的碰撞，利用其撞块的压力使限位开关的触头闭合或断开，作为行程控制和限位控制，用于塔式起重机各工作机构的安全保护。

4）电阻器

在绕线转子异步电动机转子回路中接入电阻器，能限制启动电流，调节电动机的转速。

2.4 塔式起重机的安全装置

安全装置是塔式起重机的重要装置，其作用是使塔式起重机在允许载荷和工作空间中安全运行，保证设备和人身的安全。

2.4.1 安全装置的类型

（1）限位装置

1）起升高度限位器

用以防止吊钩行程超越极限，以免碰坏起重机臂架结构和出现钢丝绳乱绳现象的装置。

2）幅度限位器

①小车变幅幅度限位器

用以使小车在到达臂架端部或臂架根部之前停车，防止小车发生越位事故的装置。

②动臂变幅幅度限位器

用以阻止臂架向极限位置变幅，防止臂架倾翻的装置。

对动臂变幅的塔式起重机，设置幅度限位开关，在臂架到达相应的极限位置前开关动作，用以停止臂架往极限方向变幅；对小车变幅的塔式起重机，设置小车行程限位开关和终端缓冲装置，用以停止小车往极限位置变幅。

3）回转限位器

用以限制塔式起重机的回转角度，以免扭断或损坏电缆。

4）运行（行走）限位器

用于行走式塔式起重机，限制大车行走范围，防止出轨。

（2）防止超载装置

1）起重力矩限制器

用以防止塔式起重机因超载而导致的整机倾翻事故。

2）起重量限制器

用以防止塔式起重机超载起升的一种安全装置。

（3）止挡连锁装置

1）小车断绳保护装置

用以防止变幅小车牵引绳断裂导致小车失控。

2）小车防坠落装置

用以防止因变幅小车车轮失效而导致小车脱离臂架坠落。

3）钢丝绳防脱装置

用来防止滑轮、起升卷筒及动臂变幅卷筒等钢丝绳脱离滑轮或卷筒。

4）顶升防脱装置

用以防止自升式塔式起重机在正常加节、降节作业时，顶升装置从塔身支承中或油缸端头的连接结构中自行脱出。

5) 抗风防滑装置（轨道止挡装置）

用以防止行走式塔式起重机在遭遇大风时自行滑行，造成倾翻。

(4) 报警及显示记录装置

1) 报警装置

用以在塔式起重机载荷达到规定值时，向塔式起重机司机自动发出声光报警信息。

2) 显示记录装置

用图形或字符方式向司机显示塔式起重机当前主要工作参数和额定能力参数。

显示的工作参数一般包含当前工作幅度、起重量和起重力矩，额定能力参数一般包含幅度及对应的额定起重量和额定起重力矩。

3) 风速仪

用以发出风速警报，提醒塔式起重机司机及时采取防范措施。

4) 工作空间限制器

对单台塔式起重机，用以限制塔式起重机进入某些特定的区域或进入该区域后不允许吊载；对群塔，用以限制塔式起重机的回转、变幅和运行区域以防止塔式起重机间机构、起升绳或吊重发生相互碰撞。

2.4.2 主要安全装置的构造和工作原理

(1) 起重量限制器

1) 起重量限制器的作用

起重量限制器是塔式起重机上重要的安全装置之一，当起升载荷超过额定载荷时,该装置能输出电信号,切断起升控制回路,并能发出警报,达到防止起重机超载的目的。

塔式起重机必须安装起重量限制器,当起重量大于相应挡位的最大额定值并小于额定值的110%时,该装置能自动切断起升机构上升方向的电源,但仍可作下降方向的运动。

起重量显示装置的数值误差一般不大于实际值的5%。

2) 构造和工作原理

起重量限制器主要有机械式和电子式,其中常用的机械式限制器有推杆式和测力环式。

①推杆式起重量限制器

如图2-28所示,为一推杆式起重量限制器构造示意图。这种限制器一般装在起重臂根部,由导向滑轮、弹簧推杆、力臂及限位开关等部件组成。由于塔式起重机吊重的作用,起升钢丝绳

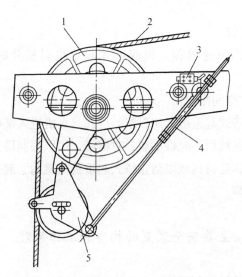

图2-28 推杆式起重量限制器构造示意图
1—导向轮;2—起升钢丝绳;3—限位开关;
4—弹簧推杆;5—力臂

2受到拉力，来推动力臂5，力臂又作用于弹簧推杆4。当负载达到一定限值时，推杆便压迫限位开关3动作，通过限位开关来切断起升回路电源。

②测力环式起重量限制器

如图2-29所示，为一测力环式起重量限制器外形及工作原理图。它是由测力环、导向滑轮及限位开关等部件组成。其特点是体积紧凑，性能良好，便于调整。

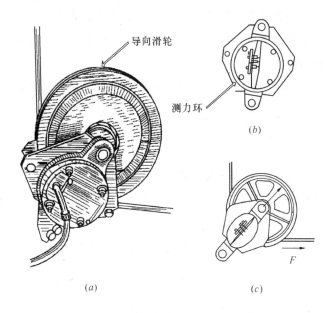

图2-29 测力环式起重量限制器外形及工作原理图
（a）外形；（b）无载或负荷小时；（c）负荷大或超载时

测力环的一端固定于塔式起重机机构的支座上，另一端则固定在导向滑轮轴上。当塔式起重机吊载重物时，滑轮受到钢丝绳合力作用，并将此力传给测力环，测力环外壳产生弹性变形；测力环内的金属板条与测力环壳体固接，随壳体受力变形而延伸；当载荷超过额定起重量时，测力环内的金属板条压迫限位开关，使限位开关动作,从而切断起升回路电源,达到对起重量超载进行限制的目的。

使用时,可根据载荷情况来调节固定在金属板条上的调整螺栓,调整设定动作荷载限值。

(2) 起重力矩限制器

1) 起重力矩限制器的作用

起重力矩限制器也是塔式起重机重要的安全装置之一,塔式起重机的结构计算和稳定性验算均以最大额定起重力矩为依据。起重力矩限制器的作用是控制塔式起重机使用时不得超过最大额定起重力矩。

力矩限制器仅对在塔式起重机垂直平面内起重力矩超载时起限制作用,而对由于吊钩侧向斜拉重物、水平面内的风载、轨道的倾斜和塌陷引起的水平面内的倾翻力矩不起作用。

2) 构造和工作原理

起重力矩限制器分为机械式和电子式,机械式中又有弓板式和杠杆式等多种形式。其中弓板式起重力矩限制器目前应用比较广泛。

弓板式起重力矩限制器由调节螺栓、弓形钢板、限位开关等部件组成。如图 2-30 所示,为一弓板式力矩限制器外形及工作原理图。

弓板式力矩限制器有的安装在塔帽的主弦杆上,也有的安装在平衡臂上,其工作原理是相同的。当塔式起重机吊载重物时,由于载荷的作用,塔帽或平衡臂的主弦杆产生变形;这时力矩限制器上的弓形钢板也随之变形,并将弦杆的变形放大,使弓板上的调节螺栓与限位开关的距离随载荷的增加而逐渐缩小。当载荷达到额定载荷时,通过调节螺栓来压迫限位开关,从而切断起升机构和变幅机构的电源,达到限制塔式起重机的吊重力矩载荷的目的。

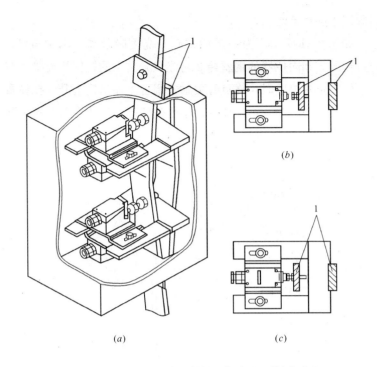

图 2-30 弓板式力矩限制器的构造及工作原理图
1—主弦杆变形放大图
（a）限制器构造；（b）载荷较小时状态；（c）超载时状态

（3）起升高度限位器

1）起升高度限位器的作用

起升高度限位器主要用来防止吊钩升降时可能出现的操纵失误，导致起升时碰坏起重机臂架结构或拉断钢丝；降落时卷筒上的钢丝绳松脱甚至反方向缠绕。

2）构造和工作原理

起升高度限位器主要有重锤式、杠杆式和多功能式等

①重锤式起升高度限位器

重锤式起升高度限位器一般用于动臂式变幅的塔式起重机，

多固定于起重臂端头。

如图 2-31 所示,为一重锤式起升高度限位器。图中重锤 4 通过钩环 3 和限位器的钢丝绳 2 与终点开关 1 的杠杆相连接。在重锤处于正常位置时,终点开关触头闭合。如吊钩上升,托住重锤并继续略微上升,钢丝绳 2 处于松弛状态,导致终点开关 1 断开,从而切断起升机构上升控制回路电源,使吊钩停止上升运动。

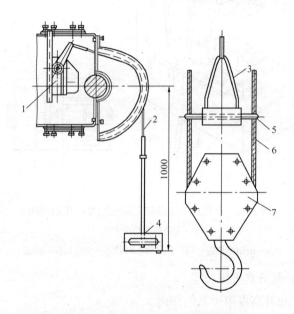

图 2-31 重锤式起升高度限位器构造简图
1—终点开关;2—限位器钢丝绳;3—钩环;4—重锤;
5—导向夹圈;6—起重钢丝绳;7—吊钩滑轮

② 杠杆式起升高度限位器

杠杆式起升高度限位器一般也用于动臂式变幅的塔式起重机,多固定于起重臂端头。

如图 2-32 所示,为一杠杆式起升高度限位器。当吊钩上升到极限位置时，固定于吊钩滑轮上的托板1便触到撞杆2，使撞杆转动一个角度，撞杆的另一端压下行程开关的推杆，使行程开关3断开，从而切断起升机构上升控制回路电源，使吊钩停止上升运动。

③ 多功能式起升高度限位器

多功能式起升高度限位器多用于小车变幅式塔式起重机，一般安装在起升机构的卷筒轴端，由卷筒轴直接带动，也可由固定于卷筒上的齿圈来驱动。

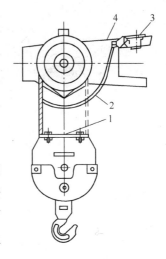

图2-32　杠杆式起升高度限位器的构造简图
1—托板；2—撞杆；3—行程开关；4—臂头

如图2-33所示，为一多功能式起升高度限位器。当卷筒2旋转时驱动限位器1的减速装置，减速装置带动若干个凸块3转动，凸块3作用于触头4，从而切断起升机构上升控制回路电源，使吊钩停止上升运动。

（4）回转限位器

不设中央集电环的塔式起重机应设置正反两个方向回转限位开关，使正反两个方向回转范围控制在±540°内，用以防止电缆线缠绕损坏，也用于避免与障碍物发生碰撞等。最常用的回转限位器是由带有减速装置的限位开关和小齿轮组成，限位器固定在塔式起重机回转上支座结构上。

如图2-34所示，为一回转限位器的安装位置图。当回转机构驱动塔式起重机上部转动时，通过大齿圈来带动回转限位器的小齿轮3转动，塔式起重机的回转圈数即被记录下来，限位器的减速装置带动凸轮，凸轮上的凸块压下触头，从而断开相应的回转控制电源，停止回转运动。

97

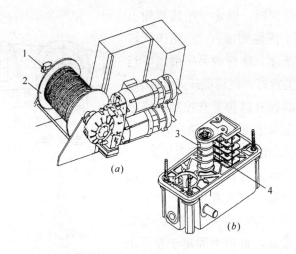

图 2-33 多功能式起升高度限位器构造及工作原理图

（a）起升机构；（b）限位器

1—限位器；2—卷筒；3—凸块；4—触头

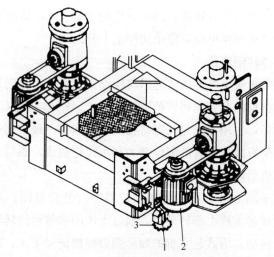

图 2-34 回转限位器的安装位置图

1—传动限位开关；2—鼠笼形电动机；3—限位开关小齿轮

(5) 幅度限位器

1) 小车变幅式塔式起重机幅度限位器

对于小车变幅的塔式起重机，幅度限位器的作用是使变幅小车在即将行驶到最小幅度或最大幅度时，断开变幅机构的单向工作电源，以保证小车的安全运行。同多功能式起升高度限位器一样，一般安装在小车变幅机构的卷筒一侧，由卷筒轴直接带动，也可由固定于卷筒上的齿圈来带动。工作原理与高度限位相同。

2) 动臂式塔式起重机幅度限位器

对于动臂式塔式起重机，应设置臂架幅度限位开关，以防止臂架后翻。动臂式塔式起重机还应安装幅度指示器，以便塔式起重机司机能及时掌握幅度变化情况。

如图 2-35 所示，为动臂式塔式起重机的一种幅度指示器，装设于塔顶臂根铰点处，具有指示臂架工作幅度及防止臂架向极限幅度变幅的功能。图示的幅度指示及限位装置由一半圆形活动转盘 6、刷托 5、座板 4、拨杆 1、限位开关 7 等组成，拨

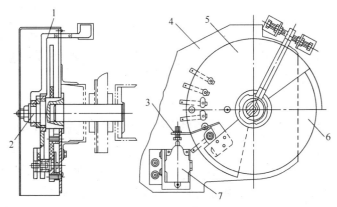

图 2-35 动臂式塔式起重机幅度指示器
1—拨杆；2—心轴；3—弯铁；4—座板；5—刷托；6—半圆形活动转盘；7—限位开关

杆随臂架俯仰而转动，电刷根据不同角度分别接通指示灯触点，将起重臂的不同仰角通过灯光亮熄信号传递到司机室的幅度指示盘上。当起重臂与水平夹角小于极限角度时，电刷接通蜂鸣器而发出警告信号，说明此时并非正常工作幅度，不得进行吊装作业。当臂架仰角达到极限角度时，上限位开关动作，变幅电路被切断电源，从而起到保护作用。从幅度指示盘的灯光信号指示，塔式起重机司机可知起重臂架的仰角以及此时的工作幅度和允许的最大起重量。

如图 2-36 所示，为一种动臂式塔式起重机所使用的简单幅度限制器。

当吊臂接近最大仰角和最小仰角时，夹板 2 中的挡块 3 便推动安装于臂根铰点处的限位开关 4 的杠杆传动，从而切断变幅机构的电源，停止吊臂的变幅动作。可通过改变挡块 3 的长度来调节限制器的作用过程。

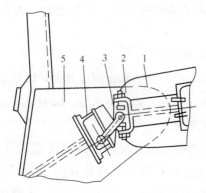

图 2-36 动臂式塔式起重机幅度限制器
1—起重臂；2—夹板；3—挡块；4—终点开关；5—臂根支座

（6）运行（行走）限位器

对于轨道行走式塔式起重机，每个运行方向均设有运行限位装置，限位装置由限位开关、缓冲器和终端止挡器组成。缓冲器是用来保证轨道式塔式起重机能比较平稳的停车而不致于产生猛烈的撞击。其位置安装在距轨道末端挡块 1m 远处。

如图 2-37 所示，为一运行限位器，通常装设于行走台车的端部，前后台车各设一套，可使塔式起重机在运行到轨道基础端部缓冲止挡装置之前完全停车。限位器由限位开关、

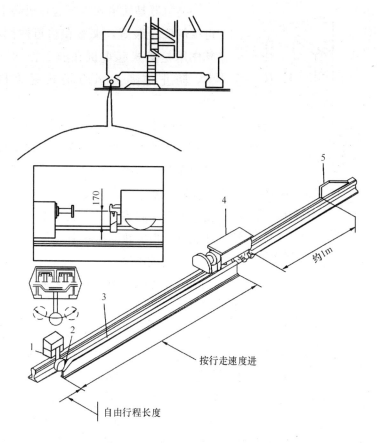

图 2-37 行走式塔机运行限位器
1—限位开关；2—摇臂滚轮；3—坡道；4—缓冲器；5—止挡块

摇臂滚轮和碰杆等组成,限位器的摇臂居中位时呈通电状态,滚轮有左右两个极限工作位置。铺设在轨道基础两端的位于钢轨近侧的坡道碰杆起着推动滚轮的作用,根据坡道斜度方向,滚轮分别向左或向右运动到极限位置,切断大车行走机构的电源。

（7）抗风防滑装置（夹轨器）

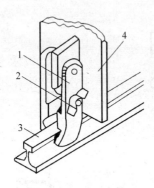

图 2-38 塔机夹轨器结构简图
1—夹钳；2—螺栓；3—钢轨；4—台车架

夹轨器是轨道式塔式起重机必不可少的安全装置，夹紧在轨道两侧，其作用是塔式起重机在非工作状态下，防止遭遇大风时塔式起重机滑行。

如图 2-38 所示，为塔式起重机夹轨器结构简图。夹轨器安装在每个行走台车的车架两端，非工作状态时，把夹轨器放下来，转动螺栓 2，使夹钳 1 夹紧在起重机的轨道 3 上，工作状态下，把夹轨器提起来。

(8) 风速仪

对臂根铰点高度超过 50m 的塔式起重机，配有风速仪。当风速大于工作允许风速时，应能发出警报。

(9) 小车断绳保护装置

对于小车变幅式塔式起重机，为了防止小车牵引绳断裂导致小车失控，变幅的双向均设置小车断绳保护装置。

使用较多的断绳保护装置为重锤式偏心挡杆，如图 2-39 所示。正常运行时挡杆 2 平卧，张紧的牵引钢丝绳从导向环 3 穿过。当小车牵引绳断裂时，挡杆 2 在偏心重锤 6 的作用下，翻转直立，遇到臂架的水平腹杆时，就会挡住小车的溜行。

(10) 小车断轴保护装置

在小车上设置小车断轴保护装置，防止小车滚轮轴断裂导致小车从高空坠落。

小车断轴保护装置即是在小车架左右两根横梁上各固定两块挡板，当小车滚轮轴断裂时，挡板即落在吊臂的弦杆上，挂住小车，使小车不能脱落。

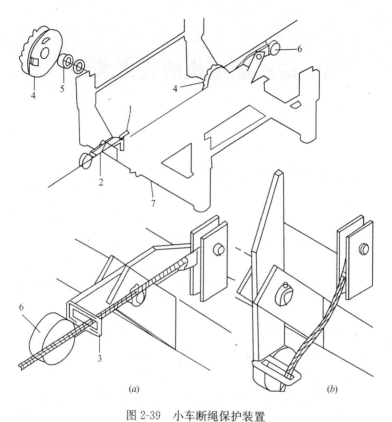

图 2-39 小车断绳保护装置

(a) 正常工作时保险器状态;(b) 断绳时保险器状态

1—牵引绳固定绳环;2—挡杆;3—导向环;4—牵引绳棘轮张紧装置;

5—挡圈;6—重锤;7—小车支架

3 塔式起重机的技术条件

3.1 塔式起重机的技术条件

3.1.1 塔式起重机的技术要求

（1）塔式起重机生产厂必须持有国家颁发的特种设备制造许可证；

（2）有监督检验证明、出厂合格证和产品设计文件、安装及使用维修说明、有关型式试验合格证明等文件；

（3）配件目录及必要的专用随机工具；

（4）对于购入的旧塔式起重机应有两年内完整运行记录及维修、改造资料，在使用前应对金属结构、机构、电器、操作系统、液压系统及安全装置等各部分进行检查和试车，以保证其工作可靠；

（5）对改造、大修的塔式起重机要有出厂检验合格证、监督检验证明；

（6）对于停用时间超过一个月的塔式起重机，在启用时必须做好各部件的润滑、调整、保养、检查；

（7）塔式起重机的各种安全装置、仪器仪表必须齐全和灵敏可靠；

（8）有下列情形之一的建筑起重机械，不得出租、安装、使用：

1) 属国家明令淘汰或者禁止使用的；
2) 超过安全技术标准或者制造厂家规定的使用年限的；
3) 经检验达不到安全技术标准规定的；
4) 没有完整安全技术档案的；
5) 没有齐全有效的安全保护装置的。

（9）严禁在安装好的塔身金属结构上安装或悬挂标语牌、广告牌等挡风物件。

3.1.2 塔式起重机基础的技术条件

目前，根据塔式起重机类型，塔式起重机基础可分为轨道式基础和固定式基础。固定式基础通常为钢筋混凝土基础，在特殊情况下也有钢结构平台等特殊基础；钢筋混凝土基础通常为整体式基础，也有采用分块式钢筋混凝土基础；分块式又可分为现浇式和预制式钢筋混凝土基础。

（1）行走式塔式起重机轨道基础

行走式塔式起重机轨道基础必须能承受塔式起重机工作状态和非工作状态的最大载荷，可采用碎石基础或混凝土基础，如图 3-1 所示。在基础上放置轨枕，轨枕又有木轨枕、钢筋混凝土轨枕等。轨道铺设在成排的轨枕上，应当符合以下要求：

1) 铺设碎石前的路面

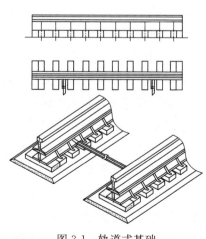

图 3-1 轨道式基础

应按设计要求压实，碎石基础应整平捣实，轨枕之间应填满碎石；

2）路基两侧或中间应设排水沟；

3）轨道敷设在地下建筑物（如暗沟、防空洞等）的上面时，应采取加固措施；

4）轨道通过垫块与轨枕应可靠地连接，每间隔6m应设一道轨距拉杆；钢轨接头处应有轨枕支承，不应悬空；在使用过程中轨道不应移动；

5）轨距允许偏差不应大于公称值的±1‰，且不宜超过±6mm；

6）钢轨接头间隙不应大于4mm；与另一侧钢轨接头的错开距离不应小于1.5m；接头处两轨顶高度差不应大于2mm；

7）塔式起重机安装后，轨道顶面纵、横方向上的倾斜度，对于上回转塔式起重机应不大于3‰；对于下回转塔式起重机应不大于5‰；在轨道全程中，轨道顶面任意两点的高度差应不大于100mm；

8）轨道行程两端的轨顶高度宜不低于其余部位中最高点的轨顶高度。

（2）固定式塔式起重机混凝土基础

1）一般要求

固定式塔式起重机混凝土基础必须根据设计要求设置，基础能够承受工作状态和非工作状态下的最大载荷。

①基础纵、横向偏差符合要求；

②预埋螺栓、承重钢板材质、尺寸符合要求；

③地基承载力符合要求；

④基础的抗倾翻稳定性计算及地基压应力的计算，符合塔式起重机各种工况下的技术条件；

⑤基础应有排水设施、排水畅通；

⑥接地电阻小于 4Ω；

⑦预埋脚柱（支腿）、地脚螺栓和预埋节应使用原制造商或有相应资格单位生产的产品，并有产品合格证。

2）整体式钢筋混凝土基础

固定式塔式起重机一般采用整体式现浇钢筋混凝土基础，塔身结构通过与预埋在钢筋混凝土中的预埋脚柱（支腿）、预埋节或地脚螺栓等固定在基础上。这种基础可以是独立的，也可以与建筑物结构相连或者是建筑物地下室底板的一部分，其特点是能靠近建筑物，增大塔式起重机的有效作业面，混凝土基础本身还兼压重块的作用；缺点是基础的尺寸比较大，混凝土和配筋用量大，不能重复使用，使用费用高。如图 3-2（a）所示为 QTZ63 塔式起重机底架十字梁整体式钢筋混凝土基础，图 3-2（b）所示为 QTZ63 塔式起重机预埋肢腿整体式钢筋混凝土基础。

底架十字梁整体式钢筋混凝土基础还有一种形式是压重式基础，如图 3-3 所示。这种基础对地面的承压强度要求较高，优点是，现浇混凝土用量较少，压重可重复使用，使用费用较低。

（3）地基进行加固处理

当地基承载力无法满足塔式起重机设计要求时，需对地基进行加固处理，常用的方法如下：

1）一般处理。可采取夯实法、换土垫层法、排水固结法、振密挤密法等。不同的方法对土类、施工设备、技术有不同的要求，成本不一。最常用的是换土垫层法，其成本较低，但仅局限于地基软弱层较薄的地区。

2）桩基加固。成本较高，但处理效果较好，适用于浅层土质不能满足承载力的要求而又不适宜采用一般处理方法时，如现场地下水位较高等。

3）利用已有设施。在便于安装、拆卸的前提下，借助已有建筑物的基础、底板等，把塔式起重机基础与其结合起来。此种

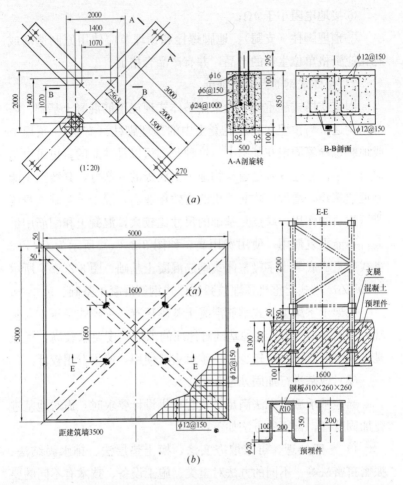

图 3-2 QTZ63 塔式起重机整体式钢筋混凝土基础
(a) 底架十字梁式；(b) 预埋支腿式

方案成本低，比较理想，但因对构筑物增加了荷载，应经计算决定是否对其采取加固处理。

4) 加大基础面积。此方案仅适用于现场地基承载力与基础设计所要求的地基承载力值相差不大时的情况，并应进行重新设计计算。

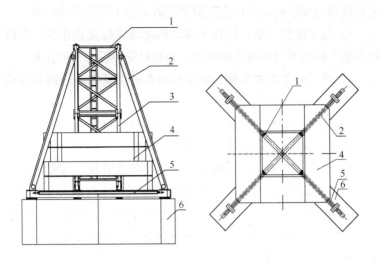

图 3-3 压重式基础
1—基础节（二）；2—斜撑；3—基础节（一）；4—压重块；
5—底架十字梁；6—钢筋混凝土基础

3.1.3 塔式起重机拆装作业的技术要求

（1）基本要求

1）从事塔式起重机安装、拆卸活动的单位应当依法取得建设主管部门颁发的起重设备安装工程专业承包资质和建筑施工企业安全生产许可证，并在其资质许可范围内承揽建筑起重机械安拆工程。

2）从事塔式起重机安装与拆卸的操作人员必须经过专业培训，并经建设主管部门考核合格，取得建筑施工特种作业人员操作资格证书。

3）塔式起重机使用单位和安装单位应当签订安装、拆卸合同，明确双方的安全生产责任；实行施工总承包的，施工总承包单位应当与安装单位签订建筑起重机械安装工程安全协议书。

4）施工组织（总）设计中应当包括塔式起重机布置、基础和安装、拆卸及使用等方面内容，并制定安装拆卸专项方案。

5）塔式起重机的基础、轨道和附着的构筑物必须满足塔式起重机产品使用说明书的规定。

6）塔式起重机安装拆卸应在白天进行，特殊情况下需在夜间作业时，现场应具备足够亮度的照明。

7）雨天、雾天、雷电等恶劣气候，严禁安装、拆卸塔式起重机。塔式起重机安装、拆卸作业时，塔式起重机最大安装高度处的风速不能大于7.9m/s（相当于地面4级风，具体风力分级与风速的关系见附录D，参照天气预报风力分级时，应注意塔式起重机安装高度的影响）。

（2）专项方案编制

安装单位应编制安装拆卸专项方案；专项方案应当由具有中级以上技术职称的技术人员编制。

1）方案编制的依据

①塔式起重机安装使用说明书；

②国家、行业、地方有关塔式起重机安全使用的法规、法令、标准、规定等；

③安装拆卸现场的实际情况。

2）方案的内容

①工程概况，塔式起重机的规格型号及主要技术参数；

②安装拆卸现场环境条件及塔式起重机安装位置平面图、立面图和主要安装拆卸难点；

③详细的安装、附着及拆卸的程序和方法；

④地基、基础、轨道和附着建筑物（构筑物）情况；

⑤主要部件的重量及吊点位置；

⑥安装拆卸所需辅助设备及吊索具、机具；

⑦安全技术措施，应急预案；

⑧必要的计算资料；

⑨作业人员组织和职责。

3）安装拆卸方案

安装拆卸方案由安装拆卸单位技术负责人和工程监理单位总监理工程师审批。

（3）技术交底

安装单位技术人员应向安装拆卸作业人员进行安全技术交底。交底人、塔式起重机安装负责人和作业人员应签字确认。安全技术交底应包括以下内容：

1）塔式起重机的性能参数；

2）安装、附着及拆卸的程序和方法；

3）各部件的连接形式、连接件尺寸及连接要求；

4）拆装部件的重量、重心和吊点位置；

5）使用的设备、机具的性能及操作要求；

6）作业中安全操作措施。

（4）现场勘察

1）检查基础位置、尺寸、隐蔽工程验收记录和混凝土强度报告等相关资料；

2）确认所安装塔式起重机和安装辅助设备的基础、地基承载力、预埋件等符合安装拆卸方案的要求；

3）检查基础排水措施；

4）划定作业区域，落实安全措施，设置警示标志。

3.1.4 安全距离

所谓的安全距离是指，为了保证安全生产，在作业时塔式起重机的运动部分与障碍物等应当保持的最小距离。

（1）两台及以上塔式起重机作业时，相邻两台塔式起重机的最小架设距离应当保证处于低位塔式起重机的起重臂端部与处于高位塔式起重机的塔身之间至少有2m的安全距离；处于高位塔式起重机的最低部位的部件（吊钩升至最高点或平衡重的最低部位）与低位塔式起重机中最高部位的部件之间的垂直距离不应小于2m；塔身和起重臂不能发生干涉，尽量保证塔式起重机在风力过大时能自由旋转；

（2）塔式起重机平衡臂与相邻建筑物之间的安全距离不少于0.6m；

（3）塔式起重机，包括吊物等任何部位与输电线之间的距离应符合表3-1安全距离要求；

塔式起重机与外输电线路的最小安全距离　　　　表3-1

电压（kV） 安全距离	<1	1～15	20～40	60～110	220
沿垂直方向（m）	1.5	3.0	4.0	5.0	6.0
沿水平方向（m）	1.0	1.5	2.0	4.0	6.0

（4）当与输电线的安全距离达不到表3-1中要求的安全距离时应搭设防护架，搭设防护架时应当符合以下要求：

1）搭设防护架时必须经有关部门批准；

2）采用线路暂停供电或其他可靠安全技术措施；

3）有电气工程技术人员和专职安全人员监护；

4）防护架与输电线的安全距离不应小于表3-2所规定的数值；

防护架与外输电线路的最小安全距离　　　　表3-2

外输电线路电压等级（kV）	≤10	35	110	220	330	500
最小安全距离（m）	1.7	2.0	2.5	4.0	5.0	6.0

5）防护架应具有较好的稳定性，可使用竹竿等绝缘材料，不得使用金属材料。

3.1.5 塔式起重机使用的技术要求

（1）安装选址

塔式起重机的安装选址除了应当考虑与其他塔式起重机、建筑物、外输电线路有可靠的安全距离外，还应考虑到毗邻的公共场所（包括学校、商场等）、公共交通区域（包括公路、铁路、航运等）等因素。在塔式起重机及其载荷不能避开这类障碍时，应向政府有关部门咨询。

塔式起重机基础应避开任何地下设施，无法避开时，应对地下设施采取保护措施，预防灾害事故发生。

（2）接地保护

塔式起重机必须有可靠的接地，所有电气设备外壳均应与机体妥善连接。

（3）工作环境

1）塔式起重机的工作环境温度为－20～40℃；

2）风力在四级及以上，或塔式起重机的最大安装高度处的风速大于13m/s时，不得进行安装、拆卸作业；

3）塔式起重机在工作时，司机室内噪声不应超过80dB（A）；

4）塔式起重机正常工作时，在距各传动机构边缘1m、底面上方1.5m处测得的噪声值不应大于90dB（A）；

5）无易燃、易爆气体和粉尘等危险场所；

6）海拔高度1000m以下；

7）工作电源电压为380V±10%。

（4）强磁场区域

当塔式起重机在强磁场区域（如电视发射台、发射塔、雷达站附近等)安装使用时,应指派人员采取保护措施,以防止塔式起重机运行切割磁力线发电而对人员造成伤害,并应确认磁场不会对塔式起重机控制系统(采用遥控操作时应特别注意)造成影响。

(5) 航空区域管理

当塔式起重机在航空站、飞机场和航线附近安装使用时,使用单位应向相关部门报告并获得许可。

(6) 安装偏差

塔式起重机安装到设计规定的最大独立高度时,主要性能参数应符合下列规定:

1) 空载时,最大幅度允许偏差为其设计值的±2%,最小幅度允许偏差为其设计值的±10%;

2) 起升高度不得小于设计值;

3) 各机构运动速度允许偏差为其设计值的±5%;

4) 应具有慢速下降功能,慢降速度根据起重量大小确定,但不大于 9m/min;

5) 尾部回转半径应不大于其设计值的 100mm;

6) 支腿纵、横向跨距的允许偏差为其设计值的±1%;

7) 对轨道运行的塔式起重机,其轨距允许偏差为其设计值的 1‰,且最大允许偏差±6mm;

8) 整体拖运时的宽度、长度和高度均不应大于其设计值;

9) 空载,风速不大于 3m/s 状态下,独立状态塔身(或附着状态下最高附着点以上塔身)轴心线的侧向垂直度允许偏差为 4‰,最高附着点以下塔身轴心线的垂直度允许偏差为 2‰。

(7) 高强度螺栓连接

塔式起重机主要受力结构件的螺栓连接应采用高强度螺栓,并符合下列要求:

1) 高强度螺栓应有性能等级符号标识及合格证书;

2) 塔身标准节、回转支承等受力连接用高强度螺栓应提供楔荷载合格证明；

3) 标准节连接螺栓应不采用锤击即可顺利穿入，螺栓按规定紧固后主肢端面接触面积不小于应接触面的70%。

(8) 销轴连接

应有可靠的轴向定位。

(9) 外露并需拆卸的部件

外露并需拆卸的销轴、螺栓、链条等连接件及弹簧、油缸活塞杆等应采取非涂装的防锈措施。

(10) 防锈蚀或冻部分

塔式起重机钢结构外露表面及封闭的管件和箱形结构内部都不能有积水，应当防止内部锈蚀或冻胀破坏发生。

(11) 工作运行

1) 回转机构在回转时，应保证启动、制动平稳；在非工作状态下，回转机构应允许臂架随风自由转动。

2) 起升机构在运行时应保证启动、制动平稳；吊重在空中停止后，重复慢速起升时，不允许吊重有瞬时下滑现象；起升机构应具有慢就位性能，不允许有单独靠重力下降的运动。

3) 变幅机构在变幅时，应保证启动、制动平稳，不允许有单独靠重力下降的运动：

①动臂变幅的塔式起重机，对能带载变幅的变幅机构除满足变幅过程的稳定性外，还应设有可靠的防止吊臂坠落安全装置；

②小车变幅塔式起重机，在空载状态下小车任意一个滚轮与轨道的支承点对其他滚轮与轨道的支承点组成的平面的偏移不得超过轴距设计值的1/1000。

4) 对轨道式塔式起重机其行走机构在运行时，应保证启动、制动平稳。

5) 操纵机构的各操作动作应相互不干扰和不会引起误操作；

各操纵件应定位可靠，不得因振动等原因离位。

（12）电源电器

1）采用三相五线制供电时，供电线路的零线应与塔式起重机的接地线严格分开；

2）塔式起重机主体结构、电机机座和所有电气设备的金属外壳、导线的金属保护管都应可靠接地，其接地电阻不应大于4Ω；重复接地，其接地电阻值不应大于10Ω；

3）电气系统应有可靠的自动保护装置，具有短路保护、过流保护及缺相保护等功能；

4）在正常工作条件下，供电系统在塔式起重机馈电线接入处的电压波动应不超过额定值的10%；

5）各机构运行控制电路中，应有防止司机误操作的保护措施；

6）各限位开关应安全可靠；在脱离接触并返回正常工作状态后，限位开关能复位；当设有极限开关时，应能手动复位；

7）配电箱应有门锁，门外应设置有电危险的警示标志；配电箱、联动操纵台、控制盘、接线盒上的所有导线端部、接线端子应有正确的标记、编号，并与电气原理图、电气布线图一致；

8）对设有防护罩的电机其防护罩不能影响电机散热，电机安装位置应满足通风冷却要求，并便于检修；

9）沿塔身垂直悬挂的电缆应使用瓷瓶固定，其数量应根据电缆的规格、型号、长度及塔式起重机工作环境确定，以保证电缆自重产生的拉应力不超过电缆的机械强度和防止其他因素引起的机械磨损。

（13）液压系统

1）塔式起重机的液压系统应设有防止过载和液压冲击的安全装置，安全溢流阀的调整压力不得大于系统的额定工作压力110%；

2）液压系统中应设置滤油器和其他防止污染的装置，过滤精度应符合系统中选用的液压元件的要求；

3）液压油应符合所选油类的性能标准，并能适应工作环境的温度；

4）油箱应有足够的容量，并能使液压系统的油温保持在正常工作温度范围内，最高油温不超过35℃。

（14）起升高度限位器

塔式起重机的吊钩装置起升到下列规定的极限位置时，应自动切断起升的动作电源。

1）对动臂变幅的塔式起重机，当吊钩装置顶部升至起重臂下端的极限距离应为800mm。

2）上回转的小车变幅的塔式起重机，吊钩装置顶部升至小车架下端的极限位置应符合下列规定：

①起升钢丝绳的倍率为2倍率时，其极限位置应为1000mm；

②起升钢丝绳的倍率为4倍率时，其极限位置应为700mm。

3）对于下回转的小车变幅的塔式起重机，吊钩装置顶部升至小车架下端的极限位置应符合下列规定：

①起升钢丝绳的倍率为2倍率时，其极限位置应为800mm；

②起升钢丝绳的倍率为4倍率时，其极限位置应为400mm。

4）所有塔式起重机，当钢丝绳松弛可能造成卷筒乱绳或反卷时应设置下限位器，在吊钩不能再下降或卷筒上钢丝绳不少于3圈时应能立即停止下降运动。

（15）幅度限位器

1）对动臂变幅的塔式起重机，应设置幅度限位开关，在臂架到达相应的极限位置前开关动作，停止臂架再往极限方向变幅；

2）对小车变幅的塔式起重机，应设置小车行程限位开关和终端缓冲装置。限位开关动作后应保证小车停车时其端部距缓冲装置最小距离为200mm。

(16) 回转限位器

对回转处不设集电器供电的塔式起重机,应设置正反两个方向回转限位开关,开关动作时臂架旋转角度应不大于±540°。

(17) 运行限位器

对于轨道运行的塔式起重机,每个运行方向应设置限位装置,其中包括限位开关、缓冲器和终端止挡;应保证开关动作后塔式起重机停车时其端部距缓冲器最小距离为1000mm,缓冲器距终端止挡器最小距离为1000mm。

(18) 起重力矩限制器和起重量限制器

当起重力矩大于相应幅度额定值并小于额定值110%时,应停止上升和向外变幅动作。

1) 力矩限制器控制定码变幅的触点和控制定幅变码的触点应分别设置,且能分别调整;

2) 对小车变幅的塔式起重机,其最大变幅速度超过40m/min,在小车向外运行,且起重力矩达到额定值的80%时,变幅速度应自动转换为不大于40m/min的速度运行;

3) 当起重量大于最大额定起重量并小于额定起重量的110%时,应停止上升方向动作,但应有下降方向动作;具有多挡变速的起升机构,限制器应对各挡位具有防止超载的作用。

(19) 小车变幅的断绳保护装置

对小车变幅塔式起重机应设置双向小车变幅断绳保护装置。

(20) 小车防坠落装置

对小车变幅塔式起重机应设置小车防坠落装置,即使车轮失效小车也不得脱离臂架坠落。

(21) 钢丝绳防脱装置

滑轮、起升卷筒及动臂变幅卷筒均应设有钢丝绳防脱装置,该装置表面与滑轮或卷筒侧板外缘间的间隙不应超过钢丝绳直径的20%，装置可能与钢丝绳接触的表面不应有棱角。

（22）报警装置

塔式起重机应装有报警装置，在塔式起重机达到规定起重力矩或起重量时应能向司机发出声光报警，在塔式起重机达到额定起重力矩或额定起重量的90%以上时，装置应能向司机发出断续的声光报警；在塔式起重机达到额定起重力矩或额定起重量的100%以上时，装置应能发出连续清晰的声光报警，且只有在载荷降低到额定工作能力100%以内时报警才能停止。

（23）夹轨器

对轨道运行式塔式起重机，应设置夹轨器；在工作时，应保证夹轨器不妨碍塔式起重机运行。

（24）指示灯

塔顶高于30m的塔式起重机，其最高点及臂端应安装红色障碍指示灯，其供电应不受停机影响；整体拖运的塔式起重机应安装示宽、刹车及转向指示灯。

（25）风速仪

对臂根铰点高度超过50m的塔式起重机，应配备风速仪，当风速大于工作允许风速时，应能发出停止作业的警报。

3.2 塔式起重机安全防护装置的调试与维护

3.2.1 限制器的调试和维护保养

（1）小车变幅式塔式起重机起重量限制器的调试

起重量限制器在塔式起重机出厂前都已经按照机型进行了调

试及整定,与实际工况的载荷不符时需要重新调试,调试后要反复试吊重块三次以上确保无误后方可进行作业。

以 QTZ63 塔式起重机上使用的起重量限制器为例,介绍拉力环式起重量限制器的调试方法,如图 3-4 所示:

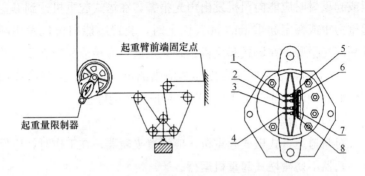

图 3-4 拉力环式起重量限制器调试示意图
1、2、3、4—螺钉调整装置;5、6、7、8—微动开关

1) 当起重吊钩为空载时,用小螺丝刀,分别压下微动开关 5、6、7,确认各挡微动开关是否灵敏可靠:

①微动开关 5 为高速挡重量限制开关,压下该开关,高速挡上升与下降的工作电源均被切断,且联动台上指示灯闪亮显示;

②微动开关 6 为 90% 最大额定起重量限制开关,压下该开关,联动台上蜂鸣报警;

③微动开关 7 为最大额定起重量限制开关,压下该开关,低速挡上升的工作电源被切断,起重吊钩只可以低速下降,且联动台上指示灯闪亮显示。

2) 工作幅度小于 13m(即最大额定起重量所允许的幅度范围内),起重量 1500kg(倍率 2)或 3000kg(倍率 4),起吊重物离地 0.5m,调整螺钉 1 至使微动开关 5 瞬时换接,拧紧螺钉 1 上的紧固螺母。

3) 工作幅度小于 13m,起重量 2700kg(倍率 2)或 5400kg

(倍率4);起吊重物离地0.5m,调整螺钉2至使微动开关6瞬时换接,拧紧螺钉2上的紧固螺母。

4)工作幅度小于13m,起重量3000kg(倍率2)或6000kg(倍率4);起吊重物离地0.5m,调整螺钉3至使微动开关7瞬时换接,拧紧螺钉3上的紧固螺母。

5)各挡重量限制调定后,均应试吊2～3次检验或修正,各挡允许重量限制偏差为额定起重量的±5%。

(2)小车变幅式塔式起重机起重力矩限制器的调试

以QTZ63塔式起重机上使用的起重力矩限制器为例,介绍弓板式力矩限制器的调试方法,如图3-5所示。

1)当起重吊钩为空载时,用螺丝刀分别压下行程开关1、2和3,确认三个开关是否灵敏可靠。

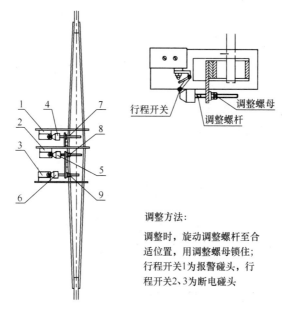

调整方法:

调整时,旋动调整螺杆至合适位置,用调整螺母锁住;行程开关1为报警碰头,行程开关2、3为断电碰头

图3-5 弓板式力矩限制器调试示意图
1,2,3—行程开关;4,5,6—调整螺杆;
7,8,9—调整螺母

①行程开关 1 为 80% 额定力矩的限制开关，压下该开关，联动台上蜂鸣报警；

②行程开关 2、3 为额定力矩的限制开关，压下该开关，起升机构上升和变幅机构向前的工作电源均被切断，起重吊钩只可下降，变幅小车只可向后运行，且联动台上指示灯闪亮、蜂鸣持续报警。

2）调整时吊钩采用四倍率和独立高度 40m 以下，起吊重物稍离地面，小车能够运行即可。

3）工作幅度 50m 臂长时，小车运行至 25m 幅度处，起吊重量为 2290kg，起吊重物离地塔式起重机平稳后，调整与行程开关 1 相对应的调整螺杆 4 至行程开关 1 瞬时换接，拧紧相应的调整螺母 7。

4）按定幅变码调整力矩限制器，调整行程开关 2。

①在最大工作幅度 50m 处，起吊重量 1430kg，起吊重物离地塔式起重机平稳后，调整与行程开关 2 相对应的调整螺杆 5 至使行程开关 2 瞬时换接，并拧紧相应的调整螺母 8；

②在 18.8m 处起吊 4200kg，平稳后逐渐增加至总重量小于 4620kg 时，应切断小车向外和吊钩上升的电源；若不能断电，则重新在最大幅度处调整行程开关 2，确保在两工作幅度处的相应额定起重量不超过 10%。

5）按定码变幅调整力矩限制器，调整行程开关 3。

①在 13.72m 的工作幅度处，起吊 6000kg（最大额定起重量）；小车向外变幅至 14.4m 的工作幅度时，起吊重物离地塔式起重机平稳后，调整与行程开关 3 相对应的调整螺杆 6 至使行程开关 3 瞬时换接，并拧紧相应的调整螺母 9；

②在工作幅度 38.7m 处，起吊 1800kg，小车向外变幅至 42.57m 以内时，应切断小车向外和吊钩上升的电源；若不能断电，则在 14.4m 处起吊 6000kg，重新调整力矩限制器行程开关

3,确保两额定起重量相应的工作幅度不超过10%。

6)各幅度处的允许力矩限制偏差计算式为：

①80%额定力矩限制允差：(1－额定起重量×报警时小车所在幅度/0.80×额定起重量×选择幅度)≤5%；

②额定力矩限制允差：(1－额定起重量×电源被切断后小车所在幅度/1.05×额定起重量×选择幅度)≤5%。

(3) 限制器的维护保养

1) 塔式起重机再次安装，投入使用前必须核对限制器是否变动，以便及时调整；

2) 限制器经过调整后，严禁擅自触动；

3) 限制器应该有防雨措施，保证螺栓和限位开关不锈蚀；

4) 定期检查微动开关、行程开关是否灵敏可靠；

5) 定期检查电缆是否老化；

6) 定期注油润滑。

3.2.2 限位装置的调试和维护保养

以QTZ63塔式起重机上使用的限位器为例，介绍多功能限位器的调试方法，如图3-6所示。

根据需要将被控制机构动作所对应的微动开关瞬时切换。即：调整对应的调整轴Z使记忆凸轮T压下微动WK触点，实现电路切换。其调整轴对应的记忆凸轮及微动开关分别为：

1Z-1T-1WK

2Z-2T-2WK

3Z-3T-3WK

4Z-4T-4WK

(1) 起升高(低)度限位器调试

1) 调整在空载下进行，分别压下微动开关(1WK，2WK)，

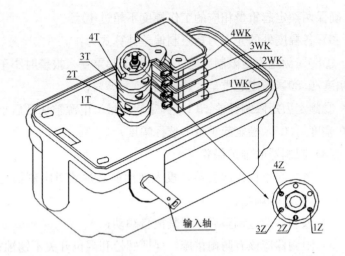

图 3-6 起升高度限位调试

1T、2T、3T、4T—凸轮；1WK、2WK、3WK、4WK—微动开关；
1Z、2Z、3Z、4Z—调整轴

确认该两挡起升限位微动开关是否灵敏可靠。

当压下与凸轮相对应的微动开关 2WK 时，快速上升工作挡电源被切断，起重吊钩只可低速上升；当压下与凸轮相对应的微动开关 1WK 时，上升工作挡电源均被切断，起重吊钩只可下降不可上升。

2）将起重吊钩提升，使其顶部至小车底部垂直距离为 1.3m（2 倍率时）或 1m（4 倍率时），调动轴 2Z，使凸轮 2T 动作至使微开关 2WK 瞬时换接，拧紧螺母。

3）以低速将起重吊钩提升，使其顶部至小车底部垂直距离为 1m（2 倍率时）或 0.7m（4 倍率时），调动轴 1Z，使凸轮 1T 动作至微动开关 1WK 瞬时换接，拧紧螺母。

4）对两挡高度限位进行多次空载验证和修正。

5）当起重吊钩滑轮组倍率变换时，高度限位器应重新调整。

（2）变幅限位器的调试

1) 调整在空载下进行，分别压下微动开关（1WK，2WK，3WK，4WK），确认该四挡变幅限位微动开关是否灵敏可靠。

①当压下与凸轮相对应的微动开关 2WK 时，快速向前变幅的工作挡电源被切断，变幅小车只可以低速向前变幅。

②当压下与凸轮相对应的微动开关 1WK 时，变幅小车向前变幅的工作挡电源均被切断，变幅小车只可向后，不可向前。

③当压下与凸轮相对应的微动开关 3WK 时，快速向后变幅的工作挡电源被切断，变幅小车只可以低速向后变幅。

④当压下与凸轮相对应的微动开关 4WK 时，变幅小车向后变幅的工作挡电源均被切断，变幅小车只可向前，不可向后。

2) 向前变幅及减速和臂端极限限位。

①将小车开到距臂端缓冲器 1.5m 处，调整轴 2Z 使凸轮 2T 动作至使微动关 2WK 瞬时换接，（调整时应同时使凸轮 3T 与 2T 重叠，以避免在制动前发生减速干扰），并拧紧螺母；

②再将小车开至距臂端缓冲器 200mm 处，按程序调整轴 1Z 使凸轮 1T 动作至使微动开关 1WK 瞬时切换，并拧紧螺母。

3) 向后变幅及减速和臂根极限限位。

①将小车开到距臂根缓冲器 1.5m 处，调整轴 4Z 使凸轮 4T 动作至使微动关 4WK 瞬时换接（调整时应同时使凸轮 3T 与 2T 重叠，以避免在制动前发生减速干扰），并拧紧螺母；

②再将小车开至距臂根缓冲器 200mm 处，按程序调整轴 3Z 使凸轮 3T 动作至使微动开关 3WK 瞬时切换，并拧紧螺母。

4) 对幅度限位进行多次空载验证和修正。

(3) 回转限位器的调试

1) 将塔式起重机回转至电源主电缆不扭曲的位置。

2) 调整在空载下进行，分别压下微动开关（2WK，3WK），确认控制向左或向右回转的这两个微动开关是否灵敏可靠。这两个微动开关均对应凸轮，分别控制左右两个方向的回转限位。

3）向右回转540°即一圈半，调动轴2Z（或3Z），使凸轮2T（或3T）动作至使微动开关2WK（或3WK）瞬时换接，拧紧螺母。

4）向左回转1080°即三圈，调动轴3Z（或2Z），使凸轮3T（或2T）动作至使微动开关3WK（或2WK）瞬时换接，拧紧螺母。

5）对回转限位进行多次空载验证和修正。

（4）限位装置的维护保养

1）塔式起重机再次安装使用前，必须拔下位于多功能限位器下部的塞子，排去其中的积水；塔式起重机运输过程中必须再塞上塞子；

2）塔式起重机投入使用时，每天要检查一次，清除行程限位装置上面的建筑垃圾和其他障碍物；

3）每班检查各连接螺栓是否紧固以及电缆是否完好；

4）每班检查限位装置的灵敏可靠性；

5）限位器减速装置要定期加油润滑。

3.2.3　其他安全装置的维护保养

（1）每班检查夹轨器、小车断绳保护装置、风速仪和缓冲器等装置的可靠性。

（2）每班清除安全装置的油污及尘垢。

（3）定期检查各装置的连接，紧固连接螺栓。

（4）定期检查各装置的润滑情况，及时添加润滑油。

（5）定期检查风速仪电缆的绝缘情况。

3.3　塔式起重机的检验

塔式起重机检验分为型式检验、出厂检验和安装检验。

3.3.1 型式检验

有下列情况之一时，应进行型式检验：
（1）新产品投产投放市场前；
（2）产品结构、材料或工艺有较大变动，可能影响产品性能和质量；
（3）产品停产1年以上，恢复生产；
（4）国家质量监督机构提出进行型式检验的要求。

3.3.2 出厂检验

产品交货，用户验收时应进行出厂检验（或称交收检验）；出厂检验通常在生产厂内进行，特殊情况可在供、需双方协议地点进行；出厂检验应提供检验报告。

3.3.3 安装检验

（1）塔式起重机安装完毕后，安装单位应当按照安全技术标准及安装使用说明书的有关要求对塔式起重机进行检验、调试和试运转。结构、机构和安全装置检验的主要内容与要求见附录A。空载试验和额定载荷试验等性能试验的主要内容与要求见附录B。

（2）安装单位自检合格后，应当经有相应资质的检验检测机构监督检验合格。

（3）监督检验合格后，塔式起重机使用单位应当组织产权（出租）、安装、监理等有关单位进行综合验收，验收合格后方可投入使用，未经验收或者验收不合格的不得使用；实行总承包的，由总承包单位组织产权（出租）、安装、使用、监理等有关单位进行验收。塔式起重机综合验收记录表见附录C。

3.3.4 塔式起重机性能试验

(1) 空载试验

在塔式起重机空载状态下试验,检查各机构运行情况。接通电源后进行塔式起重机的空载试验,其内容和要求:

1) 操作系统、控制系统、联锁装置动作准确、灵活;

2) 起升高度、回转、幅度及行走、限位器的动作可靠、准确;

3) 塔式起重机在空载状态下,操作起升、回转、变幅、行走等动作,检查各机构中无相对运动部位是否有漏油现象,有相对运动部位的渗漏情况,各机构动作是否平稳,是否有爬行、振颤、冲击、过热、异常噪声等现象。

(2) 额定载荷试验

额定载荷试验主要是检查各机构运转是否正常,测量起升、变幅、回转、行走的额定速度是否符合要求,测量司机室内的噪声是否超标,检验力矩限制器、起重量限制器是否灵敏可靠。

塔式起重机在正常工作时的试验内容和方法见表3-3。每一工况的试验不得少于3次,对于各项参数的测量,取其三次测量的平均值。

(3) 超载10%动载试验

试验载荷取额定起重量的110%,检查塔式起重机各机构运转的灵活性和制动器的可靠性;卸载后,检查机构及结构件有无松动和破坏等异常现象。一般用于塔式起重机的型式检验和出厂检验。

超载10%动载试验内容和方法见表3-4。根据设计要求进行组合动作试验,每一工况的试验不得少于3次,每一次的动作停稳后再进行下一次启动。塔式起重机各动作按使用说明书的要求进行操作,必须使速度和加(减)速度限制在塔式起重机限定范围内。

额定载荷试验内容和方法

表 3-3

序号	工况	试验范围					试验目的
		起升	变幅		回转	行走	
			动臂变幅	小车变幅			
1	最大幅度相应的额定起重量	在起升全范围内以额定速度进行起升、下降,在每一起升、下降过程中进行不少于三次的正常制动	在最大幅度和最小幅度之间,以额定速度俯仰变幅	在最大幅度和最小幅度之间,小车以额定速度进行两个方向的变幅	吊重以额定速度进行左右回转。对不能全回转的起重机,应超过最大回转角	以额定速度在复直行走。臂架垂直地面500mm,吊重离地,单向行走距离不小于20m	测量各机构的运行速度、机构及司机室噪声;力矩限制器、起重量限制器、重量限幅器精度
2	最大额定起重量相应的最大幅度		不试	吊重在最小幅度和对应于该吊重的最大幅度之间,以额定速度进行两个方向的变幅			
3	具有多挡变速的起升机构,每挡速度允许的额定起重量		不试				测量每挡工作速度

注:1. 对于设计规定不能带载变幅的动臂式起重机,可以不按本表规定进行带载实验。
2. 对可变速的其他机构,应进行实验并测量各挡工作速度。

超载10%动载试验内容和方法

表 3-4

序号	工况	试验范围					试验目的
		起升	动臂变幅	小车变幅	回转	行走	
1	在最大幅度时吊起相应额定起重量的110%	在起升高度范围内，以额定起升速度进行起升、下降	在最大幅度和最小幅度之间，臂架俯仰以额定速度变幅	在最大幅度和最小幅度之间，以额定速度进行两个方向的变幅	以额定速度进行左右回转。对不能全回转的塔式起重机，应超过最大回转角	以额定速度进行往复行走。臂架垂直于机道。吊重离地500mm，单向行走距离不小于20m	根据设计要求进行组合动作试验，并目测检查各机构运转的灵活性和制动性的可靠性。卸载后检查机构及结构各部件有无松动和破坏等异常现象
2	吊起最大额定起重量的110%，在该吊重相应的最大幅度时		不试	和对应该吊重的最大幅度吊重之间，小车以额定速度进行两个方向的变幅			
3	在上两个幅度的中间幅度处，吊起相应额定起重量的110%				不试		
4	具有多挡变速的起升机构，每挡速度允许的额定起重量的110%						

注：对设计规定不能带载变幅的动臂式塔式起重机，可以不按本表规定进行带载变幅实验。

（4）超载 25%静载试验

试验载荷取额定起重量的 125%，主要是考核塔式起重机的强度及结构承载力，吊钩是否有下滑现象；卸载后塔式起重机是否出现可见裂纹、永久变形、油漆剥落、连接松动及对塔式起重机性能和安全有影响的损坏。一般用于塔式起重机的型式检验和出厂检验。

超载 25%静载试验内容和方法见表 3-5，试验时臂架分别位于与塔身成 0°和 45°两个方位。

超载 25%静载试验内容和方法　　表 3-5

序号	工 况	起 升	试验目的
1	在最大幅度时，起吊相应额定起重量的 125%	吊重离地面 100～200mm 处，并在吊钩上逐次增加重量至 1.25 倍，停留 10min 后同一位置测量并进行比较	检查制动器可靠性，并在卸载后目测检查塔式起重机是否出现可见裂纹、永久变形、油漆剥落、连接松动及其他可能对塔式起重机性能和安全有影响的隐患
2	吊起最大起重量的 125%，在该吊重相应的最大幅度时		
3	在上两个幅度的中间处，相应额定起重量的 125%		

注：1. 试验时不允许对制动器进行调整；
　　2. 试验时允许对力矩限制器、起重量限制器进行调整。试验后应重新将其调整到规定值。

3.3.5 塔式起重机安全装置的试验

（1）力矩限制器试验

力矩限制器的试验按照定幅变码和定码变幅的方式分别进行，各重复 3 次。每次均能满足要求。

1）定幅变码试验

①在最大工作幅度 R_0 处以正常工作速度起升额定起重量 Q_0,力矩限制器不应动作,能够正常起升。载荷落地,加载至 $110\%Q_0$ 后以最慢速度起升,力矩限制器应动作,载荷不能起升,并输出报警信号。

②取 0.7 倍最大额定起重量（$0.7Q_m$）,在相应载荷允许最大工作幅度 $R_{0.7}$ 处,重复①项试验。

2）定码变幅试验

①空载测定对应最大额定起重量（Q_m）的最大工作幅度 R_m、$0.8R_m$ 及 $1.1R_m$ 值,并在地面标记。

②在小幅度处起升最大额定起重量（Q_m）离地 1m 左右,慢速变幅至 $R_m \sim 1.1R_m$ 间时,力矩限制器应动作,切断向外变幅和起升回路电源,并输出报警信号。

退回,重新从小幅度开始,以正常速度向外变幅,在到达 $0.8R_m$ 时应能自动转为低速向外变幅,在到达 $R_m \sim 1.1R_m$ 间时,力矩限制器应动作,切断向外变幅和起升回路电源,并输出报警信号。

③空载测定对应 0.5 倍最大额定起重量（$0.5Q_m$）的最大工作幅度 $R_{0.5}$、$0.8R_{0.5}$ 及 $1.1R_{0.5}$ 值,并在地面标记。

④重复②项试验。

（2）起重量限制器试验

试验按以下程序进行,各项重复三次,每次均能满足要求。

1）最大额定起重量试验

正常起升最大额定起重量 Q_m,起重量限制器应不动作,允许起升。

载荷落地,加载至 $110\%Q_m$ 后以最慢速度起升,起重量限制器应动作,切断所有挡位起升回路电源,载荷不能起升并输出报警信号。

2）速度限制试验

对于具有多挡变速且各挡起重量不一样的起升机构,应分别对各挡位进行试验,方法同1)。试验载荷按各挡位允许的最大起重量计算。

(3) 行程限位试验

起升高度、幅度、回转和运行限位装置的试验,应在塔式起重机空载状态下按正常工作速度进行,各项试验重复进行三次,限位装置动作后,停机位置应符合相关规范的规定。

(4) 显示装置显示精度试验

试验按以下程序进行,各项重复三次。要求每次均能满足要求。

1) 幅度显示精度试验

空载状态下,取最大工作幅度的 30% ($R_{0.3}$)、60% ($R_{0.6}$)、90% ($R_{0.9}$),小车在取点附近小范围内往返运行两次后停止,测定小车的实际幅度 $R_{0.3实}$、$R_{0.6实}$、$R_{0.9实}$,读取显示器相应显示幅度 $R_{0.3显}$、$R_{0.6显}$、$R_{0.9显}$。分别计算它们的算术平均值 $R_实$ 和 $R_显$,显示精度按下式计算:

$$\Delta R = \frac{|R_实 - R_显|}{R_实} \times 100\% \leqslant 5\% \qquad (3\text{-}1)$$

式中 ΔR——幅度显示精度;

$R_实$——实际幅度 $R_{0.3实}$、$R_{0.6实}$、$R_{0.9实}$ 的算术平均值 (m);

$R_显$——显示幅度 $R_{0.3显}$、$R_{0.6显}$、$R_{0.9显}$ 的算术平均值 (m)。

2) 起重量显示精度试验

分别起吊最大额定起重量的 30% ($Q_{0.3}$)、60% ($Q_{0.6}$)、90% ($Q_{0.9}$),读取相应的显示起重量 $Q'_{0.3}$、$Q'_{0.6}$、$Q'_{0.9}$,分别计算它们的算术平均值 Q 及 Q',显示精度按下式计算:

$$\Delta Q = \frac{|Q - Q'|}{Q} \times 100\% \leqslant 5\% \qquad (3\text{-}2)$$

式中 ΔQ——起重量显示精度;

Q——三次实际起重量的算术平均值（kg）;

Q'——对应的三次显示起重量的算术平均值（kg）。

3）力矩显示精度试验

起吊起重量 Q_0，分别在最大工作幅度的 30%（$R_{0.3}$）、60%（$R_{0.6}$）、90%（$R_{0.9}$）附近小范围内往返运行两次后停止，测定小车的实际幅度 $R_{0.3实}$、$R_{0.6实}$、$R_{0.9实}$，读取显示器相应显示力矩 $M_{0.3显}$、$M_{0.6显}$、$M_{0.9显}$ 并计算其算术平均值 M'，显示精度按下式计算：

$$\Delta M = \frac{|M-M'|}{M} \times 100\% \leqslant 5\% \qquad (3-3)$$

式中 ΔM——力矩显示精度;

M'——三次显示起重力矩的算术平均值（kN·m）;

M——对应的三次实际起重力矩的算术平均值（kN·m）。

M 按下式计算：

$$M = \frac{9.8 \times Q_0 \times (R_{0.3实} + R_{0.6实} + R_{0.9实})}{3000} \qquad (3-4)$$

式中 Q_0——最大工作幅度处额定起重量（kg）。

4 塔式起重机的安全操作

4.1 塔式起重机使用管理制度

4.1.1 交接班制度

交接班制度是塔式起重机使用管理的一项非常重要的制度,明确了交接班司机的职责,交接程序和内容。包括对塔式起重机的检查、设备运行情况记录、存在的问题、应注意的事项等,交接班应进行口头交接,填写交接班记录,并经双方签字确认。

(1) 交班司机职责

1) 检查塔式起重机的机械、电器部分是否完好;

2) 将空钩升到上极限位置,各操作手柄置于零位,切断电源;

3) 交接本班塔式起重机运转情况、保养情况及有无异常情况;

4) 交接塔式起重机随机工具、附件等情况;

5) 打扫卫生,保持清洁;

6) 认真填写好设备运转记录和交接班记录。

交接班记录见表 4-1。

(2) 接班司机职责

1) 认真听取上一班司机工作情况介绍;

塔式起重机司机交接班记录

表 4-1

工程名称		塔式起重机编号		
塔式起重机型号		运转台时		天气
序号	检查项目及要求	交班检查		接班检查
1	保持各机构整洁，及时清扫各部位灰尘，作业处无杂物			
2	固定基础或轨道应符合要求			
3	各部结构无变形，螺栓紧固，焊缝无裂纹或开焊			
4	减速机润滑油油质、油量符合要求			
5	接通电源前各控制开关应处于零位，操作系统灵活准确，电器元件牢固正常			
6	制动器动作灵活，制动可靠			
7	吊钩及各部滑轮转动灵活，无卡塞现象			
8	各部钢丝绳应完好，固定端牢固，缠绕整齐			
9	安全保护装置灵敏可靠，吊钩保险、卷筒保险牢固有效			
10	附着装置安全可靠			
11	空载运转一个作业循环，机构无异常			
12	本班设备运行情况			
13	本班设备作业项目及内容			
14	本班应注意的事项			

交班人（签名）：　　　　　　　　　　　　接班人（签名）：

交接时间：　　　　　　　　　　　　　　　年　月　日　时　分

2）仔细检查塔式起重机各部件，按表 4-1 进行班前试车，并做好记录；

3）使用前必须进行空载试验运转，检查限位开关、紧急开关、行程开关等是否灵敏可靠，如有问题应及时修复后方可使用；

4）检查吊钩、吊钩附件、索具吊具是否安全可靠。

4.1.2 三定制度

"三定"制度是做好塔式起重机使用管理的基础。"三定"制度即定人、定机、定岗位责任，是把塔式起重机和操作人员相对固定下来，使塔式起重机的使用、维护和保养的每一个环节、每项要求都落实到具体人，有利于增强操作人员爱护塔式起重机的责任感。对保持塔式起重机状况良好，促使操作人员熟悉塔式起重机性能，熟练掌握操作技术，正确使用维护，防止事故发生等都具有积极的作用，并有利于开展经济核算、评比考核和落实奖罚制度。

4.1.3 机长职责

塔式起重机多人、多班作业，应组成机组，实行机长负责制，确保作业安全，机长应履行下列职责：

（1）带领机组人员坚持业务学习，不断提高业务水平，认真完成生产任务；

（2）带领及指导机组人员共同做好塔式起重机的日常维护保养，保证塔式起重机的完好与整洁；

（3）带领机组人员严格遵守塔式起重机安全操作规程；

（4）督促机组人员认真落实交接班制度。

4.1.4 塔式起重机司机岗位职责

（1）严格遵守塔式起重机操作规程，认真做好塔式起重机作业前的检查、试运转，及时做好班后整理工作；

（2）做好试车检查记录、设备运转记录；

（3）严格遵守施工现场的安全管理的规定；

（4）做好塔式起重机的"调整、紧固、清洁、润滑、防腐"等维护保养工作；

（5）及时处理和报告塔式起重机故障及安全隐患；

（6）严禁违章操作，做到"十不吊"，保证塔式起重机安全运行。

1）斜吊不吊；

2）超载不吊；

3）散装物装得太满或捆扎不牢不吊；

4）吊物边缘无防护措施不吊；

5）吊物上站人不吊；

6）指挥信号不明不吊；

7）埋在地下的构件不吊；

8）安全装置失灵不吊；

9）光线阴暗看不清吊物不吊；

10）六级以上强风不吊。

4.2 起重吊运指挥信号

起重指挥信号包括手势信号、音响信号和旗语信号，此外还包括与起重机司机联系的对讲机等现代电子通信设备的语音联络信号。国家在《起重吊运指挥信号图解》GB 5082—85中对起重指挥信号作了统一规定,具体见附录E。

4.2.1 手势信号

手势信号是用手势与驾驶员联系的信号,是起重吊运的指挥语言,包括通用手势信号和专用手势信号。

通用手势信号,指各种类型的起重机在起重吊运中普遍适用的指挥手势。通用手势信号包括预备、要主钩、吊钩上升等14种。

专用手势信号,指其有特殊的起升、变幅、回转机构的起重机单独使用的指挥手势。专用手势信号包括升臂、降臂、转臂等14种。

4.2.2 旗语信号

一般在高层建筑、大型吊装等指挥距离较远的情况下,为了增大起重机司机对指挥信号的视觉范围,可采用旗帜指挥。旗语信号是吊运指挥信号的另一种表达形式。根据旗语信号的应用范围和工作特点,这部分共有预备、要主钩、要副钩等23个图谱。

4.2.3 音响信号

音响信号是一种辅助信号。在一般情况下音响信号不单独作为吊运指挥信号使用,而只是配合手势信号或旗语信号应用。音响信号由5个简单的长短不同的音响组成。一般指挥人员都习惯使用哨笛音响。这五个简单的音响可与含义相似的指挥手势或旗语多次配合,达到指挥目的。使用响亮悦耳的音响是为了人们在不易看清手势或旗语信号时,作为信号弥补,以达到准确无误。

4.2.4 起重吊运指挥语言

起重吊运指挥语言是把手势信号或旗语信号转变成语言,并用无线电、对讲机等通信设备进行指挥的一种指挥方法。指挥语言主要应用在超高层建筑、大型工程或大型多机吊运的指挥和工作联络方面。它主要用于指挥人员对起重机司机发出具体工作命令。

4.2.5 起重机驾驶员使用的音响信号

起重机使用的音响信号有三种:

一短声表示"明白"的音响信号,是对指挥人员发出指挥信号的回答。在回答"停止"信号时也采用这种音响信号。

二短声表示"重复"的音响信号,是用于起重机司机不能正确执行指挥人员发出的指挥信号时,而发出的询问信号,对于这种情况,起重机司机应先停车,再发出询问信号,以保障安全。

长声表示"注意"的音响信号,这是一种危急信号,下列情况起重机司机应发出长声音响信号,以警告有关人员:

(1) 当起重机司机发现他不能完全控制他操纵的设备时;

(2) 当司机预感到起重机在运行过程中会发生事故时;

(3) 当司机知道有与其他设备或障碍物相碰撞的可能时;

(4) 当司机预感到所吊运的负载对地面人员的安全有威胁时。

4.3 塔式起重机的操作

塔式起重机的操作控制台有转换开关控制和联动台控制两种形式。联动台控制是新一代塔式起重机上广泛采用的控制装置，我国 20 世纪 80 年代生产的塔式起重机开始逐渐采用这种新型的控制装置。它充分体现人性化舒适作业的特点，起到减轻司机疲劳作业的作用。

4.3.1 控制台的操作

以 FO/23B 塔式起重机的联动台式控制台为例，介绍控制台的组成和操作方法，如图 4-1 所示。

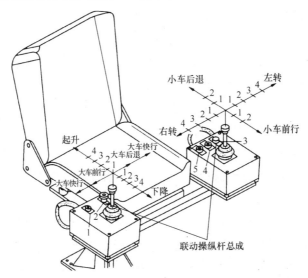

图 4-1 FO/23B 塔式起重机联动式控制台示意图
1—鸣铃按钮；2—断电开关；3—警示灯；4—变速率；5—回转制动

(1) 联动台的组成

联动台由左、右两部分组成，每一部分又包括联动操纵杆总成和若干按钮主令开关。

(2) 操作方法

1) 右联动操作杆，控制起升机构和大车行走机构：

①握住右联动操纵杆前推或后拉，可控制吊钩上升或下降；

②握住右联动操纵杆向两侧左右摆动，可控制大车前进或后退。

2) 左联动操纵杆控制变幅机构和回转机构：

①握住左联动操纵杆前推或后拉，可控制小车前行或后退；

②握住左联动操纵杆两侧左右摆动，可控制臂架左右转动。

3) 左右联动操纵杆可单独或同时控制不同工作机构动作。

4) 随着联动操纵杆移动量的增大或减小，相应工作机构电动机的转速也相应地加快或减慢。

5) 右联动操纵杆的联动台面上一般都附装一个紧急安全按钮，压下该按钮，便可将电源切断。

6) 左联动操纵杆的联动台面上还附装一个回转制动器控制按钮，通过该按钮可对回转机构进行制动。

7) 新生产的塔式起重机联动控制台均具有自动复位功能，老旧塔式起重机则没有自动复位功能。

(3) 操作注意事项

1) 当需要反向运动时，必须将手柄逐挡扳回零位，待机构停稳后，再逆向运行。

2) 回转机构的阻力负载变化范围极大，回转启止时惯性也大，要注意保证回转机构启止平稳，减小晃动，严禁打反转。

3) 操作时，用力不要过猛，操作力不应超过100N，推荐采用以下值：

①对于左右方向的操作，控制在5~40N之间；

②对于前后方向的操作,控制在 8~60N 之间。

4)可单独操作一个机构,也可同时操作两个机构,视需要而定。在较长时间不操作或停止作业时,应按下停止按钮,切断总电源,防止误动作。遇到紧急情况,也可按下停止按钮,迅速切断电源。

4.3.2 操作实例

(1)起吊水箱定点停放操作

1)场地要求

①固定式 QTZ 系列塔式起重机 1 台,起升高度在 20~30m。

②吊物:水箱 1 个,边长 1000mm×1000mm×1000mm,水面距箱口 200mm,吊钩距箱口 1000mm;平面摆放位置,如图 4-2 所示。

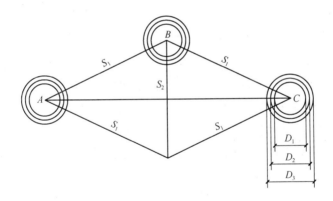

图 4-2 水箱定点停放平面示意图

$S_1=18000mm$;$S_2=13000mm$;

$D_1=1700mm$;$D_2=1900mm$;$D_3=2100mm$

③其他器具:起重吊运指挥信号用红、绿色旗一套,指挥用哨子一只,计时器 1 个。

④个人防护用品。

2）操作要求

①学员接到指挥信号后，将水箱由 A 位吊起，先后放入 B 圆、C 圆内；

②再将水箱由 C 处吊起，返回放入 B 圆、A 圆内；

③最后将水箱由 A 位吊起，直接放入 C 圆内。

水箱由各处吊起时均距地面 4000mm，每次下降途中准许各停顿二次。

3）操作步骤

先送电，各仪表正常，空载试运转，无异常，接到指挥信号后：

①先鸣铃，再根据起重臂所在位置，左手握住左手柄，左（右）扳动使起重臂回转，先将手柄扳到 1 挡慢慢开动回转，回转启动后可以逐挡地推动操作手柄，加快回转速度，当起重臂距离 A 圆较近时，逐挡扳回操作手柄至零位，减速回转，使起重臂停止在 A 圆正上方；

②先鸣铃，然后根据小车位置推（拉）左操作手柄使变幅小车前（后）方向移动，将手柄依次逐挡地推动，加快变幅速度，当变幅小车离 A 圆较近时，将手柄逐挡扳回 1 挡，当变幅小车到达 A 圆正上方时，将手柄扳回零位，小车停止移动；

③在左手动作（②步）的同时，右手可以同时动作：右手握住右手柄，前推右手柄落钩，将手柄依次逐挡地推动，加快吊钩下降速度，当吊钩离 A 圆水箱较近时，将手柄逐挡扳回 1 挡，减速下降，当吊钩距水箱约 800mm 高时，将手柄扳回零位，吊钩停止下降；

④在 A 圆内挂好水箱后，先鸣铃，再后扳右手柄将水箱吊起，将手柄依次逐挡地拉动，加快吊钩上升速度，当水箱离地面接近 4000mm 高时，将手柄逐挡扳回 1 挡，减速上升，将手柄扳回零位，吊钩停止上升；

⑤先鸣铃，左手握住左手柄右扳动使起重臂右转，先将手柄

扳到1挡慢慢开动回转，回转启动后可以将手柄依次逐挡地推动操作手柄，加快回转速度，当起重臂距离 B 圆较近时，逐挡扳回操作手柄至零位，减速回转，使起重臂停止在 B 圆正上方；

⑥先鸣铃，然后向后回拉左操作手柄使变幅小车向后方向移动，将手柄依次逐挡地推动，加快变幅速度，当变幅小车离 B 圆较近时，将手柄逐挡扳回1挡，当变幅小车到达 B 圆正上方时，将手柄扳回零位，小车停止移动；

⑦在左手动作（⑥步）的同时，右手可以同时动作：右手握住右手柄，前推右手柄落勾，将手柄依次逐挡地推动，加快水箱下降速度，当水箱离 B 圆较近时，将手柄逐挡扳回1挡，减速下降，当水箱落到地面时，将手柄扳回零位，吊钩停止下降；

⑧重复④、⑤、⑦操作方法把水箱运到 C 圆内，用同样方法将水箱返回放入 B 圆、A 圆内；

⑨最后按④、⑤、⑦步骤将水箱由 A 圆吊起，直接放入 C 圆内。

（2）起吊水桶击落木块操作

1）场地要求

①固定式 QTZ 系列塔式起重机1台，起升高度在 20m 以上 30m 以下；

②吊物：水桶1个，直径 500mm，水面距桶口 50mm，吊钩距桶口 1000mm；

③标杆23根，每根高 2000mm，直径 20～30mm；

④底座23个，每个直径 300mm，厚度 10mm；

⑤立柱5根，高度依次为 1000、1500、1800、1500、1000mm，均布在 CD 弧上；立柱顶端分别立着放置 200mm×200mm×300mm 的木块；平面摆放位置，如图 4-3 所示；

⑥起重吊运指挥信号用红、绿色旗一套，指挥用哨子一只，计时器1个。

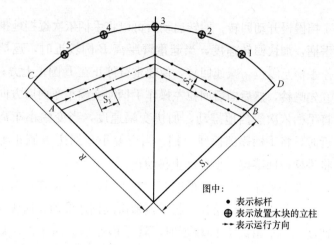

图中：
- 表示标杆
⊕ 表示放置木块的立柱
→ 表示运行方向

图 4-3 起吊水桶击落木块平面示意图

$R=19000mm$；$S_1=15000mm$；$S_2=2000mm$；$S_3=2500mm$

2）操作要求

学员接到指挥信号后，将水桶由 A 位吊离地面 1000mm，按图示路线在杆内运行，行至 B 处上方，即反向旋转，并用水桶依次将立柱顶端的木块击落，最后将水桶放回 A 位。在击落木块的运行途中不准开倒车。

3）操作步骤

先送电，各仪表正常，空载试运转，无异常。

①接到指挥信号后，先鸣铃，再根据起重臂所在位置，左手握住左手柄左（右）扳动使起重臂回转，先将手柄扳到 1 挡慢慢开动回转，回转启动后可以将手柄依次逐挡地推动操作手柄，加快回转速度，当起重臂距离 A 位较近时，逐挡扳回操作手柄至零位，减速回转，使起重臂停止在 A 位正上方。

②先鸣铃，然后根据小车位置推（拉）左操作手柄使变幅小车前（后）方向移动，启动后将手柄依次逐挡地推动，加快变幅速度，当变幅小车离 A 位较近时，将手柄逐挡扳回 1 挡，当变幅小车到达 A 位上方时，将手柄扳回零位，小车停止移动。

③在左手动作（②步）的同时，右手可以同时动作：右手握住右手柄，前推右手柄落钩，启动后将手柄依次逐挡地推动，加快吊钩下降速度，当吊钩离 A 位水桶较近时，将手柄逐挡扳回1挡，减速下降，当吊钩距水桶约 800mm 高时，将手柄扳回零位，吊钩停止下降。

④在 A 位挂好水桶后，先鸣铃，再后扳右手柄将水桶吊起，启动后将手柄依次逐挡地拉动，加快吊钩上升速度，当水桶离地面接近 1000mm 高时，将手柄逐挡扳回1挡，减速上升，将手柄扳回零位，吊钩停止上升。

⑤先鸣铃，左手握住左手柄向右扳动使起重臂右转，使水桶按图示路线在杆内运行，回转中当水桶靠近外行立杆时，左手前后调整左手柄使小车慢慢前后移动，使水桶保持在内外两行立杆之间移动，继续右扳左手柄，重复前面的动作，保持水桶在两行立杆之间顺利运行到 B 位。

⑥到达 B 位后，前推左手挡使小车前行至约 4m 处，即左扳左手柄将水桶运行至1位，能碰倒其位置上的木块后，继续左扳左手柄，让水桶分别经过 2，3，4，5 位置，并用水桶依次将其立柱顶端的木块击落，最后左手轻后扳控制小车向后移至 A 处，同时操作右手柄，下降水桶，将水桶放回 A 位。在击落木块的运行途中不准开倒车。

4.4 塔式起重机的安全操作规程

4.4.1 塔式起重机司机应具备的条件

（1）司机应年满18周岁，具有初中以上的文化程度。

（2）每年须进行一次身体检查，矫正视力不低于5.0，没有色盲、听觉障碍、心脏病、贫血、美尼尔症、癫痫、眩晕、突发性昏厥、断指等妨碍起重作业的疾病和缺陷。

（3）接受专门安全操作知识培训，经建设主管部门考核合格，取得《建筑施工特种作业操作资格证书》。

（4）首次取得证书的人员实习操作不得少于3个月。否则，不得独立上岗作业。

（5）每年应当参加不少于24小时的安全生产教育。

4.4.2 操作前的安全检查

（1）松开夹轨器，按规定的方法将夹轨器固定好，确保在行走过程中，夹轨器不卡轨。

（2）轨道及路基应安全可靠。

（3）塔式起重机各主要螺栓、销轴应连接牢固，钢结构焊缝不得有裂纹或开焊。

（4）按有关规定检查电气部分：

1）开机前应检查工地电源状况，塔式起重机接地是否良好，电缆接头是否可靠，电缆线是否有破损及漏电等现象，检查完毕并确认符合要求后，方可合上塔式起重机底部开关箱电源开关送电。

2）确认各控制器置于零位后，闭合操作室内的空气开关，电源接入主电路及控制回路。

3）按下总启动按钮使总接触器吸合，通电指示灯亮，塔式起重机处于待令工作状态。这时便可以实现对各机构的控制与操作了。

（5）检查机械传动减速机的润滑油量和油质。

（6）检查制动器，检查各工作机构的制动器应动作灵活，制动可靠。液压油箱和制动器储油装置中的油量应符合规定，并且油路无泄漏。

（7）吊钩及各部滑轮、导绳轮等应转动灵活，无卡塞现象，各部钢丝绳应完好，固定端应牢固可靠。

（8）按使用说明书检查高度限位器的距离。

（9）检查塔式起重机与周围障碍物的安全操作距离。

（10）对于有乘人电梯的塔式起重机，在作业前应做下列检查：

1）各开关、限位装置及安全装置应灵活可靠；

2）钢丝绳、传动件及主要受力构件应符合有关规定；

3）导轨与塔身的连接应牢固，所有导轨应平直，各接口处不得错位，运行中不得有卡塞现象；

4）梯笼不得与其他部分有刮碰现象；

5）导索必须按有关规定张紧到所要求的程度，且牢固可靠。

（11）起重机遭到风速超过 25m/s 的暴风（相当于 9 级风）袭击，或经过中等地震后，必须进行全面检查，经企业主管技术部门认可，方可投入使用。

（12）司机在作业前必须经下列各项检查，确认完好，方可开始作业。

1）空载运转一个作业循环；

2）试吊重物；

3）核定和检查大车行走、起升高度、幅度等限位装置及起重力矩、起重量限制器等安全保护装置。

（13）对于附着式起重机，应对附着装置进行检查。

1）塔身附着框架的检查：

①附着框架在塔身节上的安装必须安全可靠，并应符合使用说明书中的有关规定；

②附着框架与塔身节的固定应牢固；

③各连接件不应缺少或松动。

2）附着杆的检查：

①与附着框架的连接必须可靠；

②附着杆有调整装置的应按要求调整后锁紧；

③附着杆本身的连接不得松动。

3）附着杆与建筑物的连接情况：

①与附着杆相连接的建筑物不应有裂纹或损坏；

②在工作中附着杆与建筑物的锚固连接必须牢固，不应有错动；

③各连接件应齐全、可靠。

4.4.3 塔式起重机安全操作

（1）司机必须熟悉所操作的塔式起重机的性能，并应严格按说明书的规定作业。

（2）司机必须熟练掌握标准规定的通用手势信号和有关的各种指挥信号，并与指挥人员密切配合。

（3）司机必须服从指挥人员的指挥。

（4）当指挥信号不明时，司机应发出"重复"信号询问，明确指挥意图后，方可操作。

（5）塔式起重机开始作业时，司机应首先发出音响信号，以提醒作业现场人员注意。

（6）在吊运过程中，司机对任何人发出的"紧急停止"信号都应服从。

（7）重物的吊挂必须符合有关要求。

1）严禁用吊钩直接吊挂重物，吊钩必须用吊具、索具吊挂重物；

2）起吊短碎物料时，必须用强度足够的网、袋包装，不得直接捆扎起吊；

3) 起吊细长物料时，物料最少必须捆扎两处，在整个吊运过程中应使物料处于水平状态；

4) 起吊的重物在整个吊运过程中，不得摆动、旋转；

5) 不得吊运悬挂不稳的重物，吊运体积大的重物，应拉溜绳；

6) 不得在起吊的重物上悬挂任何重物。

（8）操纵控制器时必须从零挡开始，逐级推到所需要的挡位；传动装置作反方向运动时，控制器先回零位，然后再逐挡逆向操作，禁止越挡操作和急开急停。

（9）吊运重物时，不得猛起猛落，以防吊运过程中发生散落、松绑、偏斜等情况；起吊时必须先将重物吊离地面 0.5m 左右停住，确定制动、物料捆扎、吊点和吊具无问题后，方可按照指挥信号操作。

（10）司机应掌握所操作的塔式起重机的各种安全保护装置的结构、工作原理及维护方法。

（11）发生故障时必须立即排除或上报主管部门派专业人员判断并及时排除故障。

（12）司机不得操作无安全装置和安全装置失效的塔式起重机。

（13）司机在操作时必须集中精力，当安全装置显示或报警时，必须按使用说明书中有关规定操作。

（14）在起升过程中，当吊钩滑轮组接近起重臂 5m 时，应用低速起升，严防与起重臂顶撞。

（15）严禁采用自由下落的方法下降吊钩或重物；当重物下降距就位点约 1m 处时，必须采用慢速就位。

（16）塔式起重机行走到距限位开关碰块约 3m 处，应提前减速停车。

(17) 作业中平移起吊重物时，重物高出其所跨越障碍物的高度不得小于1m。

(18) 塔式起重机不得超载作业。

(19) 不得起吊带人的重物，禁止用塔式起重机吊运人员。

(20) 作业中，临时停歇或停电时，必须将重物卸下，升起吊钩；将各操作手柄（钮）置于"零位"，并将总电源切断。

(21) 塔式起重机在作业中，严禁对传动部分、运动部分以及运动件所及区域做维修、保养、调整等工作。

(22) 作业中遇有下列情况应停止作业：

1) 恶劣气候，如大雨、大雪、大雾和大风；
2) 塔式起重机出现漏电现象；
3) 钢丝绳磨损严重以及扭曲、断股、打结或出槽；
4) 安全保护装置失效；
5) 传动机构出现异常现象；
6) 金属结构部分发生变形；
7) 发生其他妨碍作业及影响安全的故障。

(23) 钢丝绳在卷筒上的缠绕必须整齐，出现爬绳、乱绳、啃绳和各层间绳索互相塞挤等情况时不允许作业。

(24) 司机必须在规定的通道内上下塔式起重机；上下塔式起重机时，不得握持任何物件。

(25) 禁止在塔式起重机各个部位乱放工具、零件或杂物，严禁从塔式起重机上向下抛扔物品。

(26) 多机作业时，应避免各塔式起重机在回转半径内重叠作业；在特殊情况下，需要重叠作业时，必须有专项安全技术交底。

(27) 起升或下降重物时，重物下方禁止有人通行或停留。

(28) 司机必须专心操作，作业中不得离开司机室或看听与作业无关的书报、视频和音频等。

（29）塔式起重机运转时，司机不得离开操作位置。

（30）塔式起重机作业时，禁止无关人员上下塔式起重机。

（31）司机室内不得放置易燃和妨碍操作的物品，严防触电和火灾。

（32）司机室的玻璃应保持清洁，不得影响司机的视线。

（33）有电梯的塔式起重机，在使用电梯时必须按说明书的规定使用和操作，严禁超载和违反操作程序，并必须遵守下列规定：

1）乘坐人员必须置身于梯笼内，不得攀登或登踏梯笼其他部位，更不得将身体任何部位和所持物件伸到梯笼之外；

2）禁止用电梯运送不明重量的重物；

3）在升降过程中，如果发生故障，应立即停车并停止使用；

4）对发生故障的电梯进行维修时，必须将梯笼可靠的固定，使梯笼在维修过程中不产生升降运动。

（34）夜间作业时，应该有足够亮度的照明。

（35）对于无中央集电环及起升机构不安装在回转部分的塔式起重机，回转作业时不得顺一个方向连续回转。

（36）每班作业后的要求

1）当轨道式塔式起重机结束作业后，司机应把塔式起重机停放在不妨碍回转的位置。

2）在停止作业后，凡是回转机构带有止动装置或常闭式制动器的塔式起重机，司机必须松开制动器；禁止限制起重臂随风转动。

3）动臂式塔式起重机将起重臂放到最大幅度位置；小车变幅塔式起重机把小车开到说明书中规定的位置，并且将吊钩起升到最高点，吊钩上严禁吊挂重物。

4）把各控制器拉到零位，切断总电源，收好工具，关好所有门窗并加锁,夜间打开红色障碍指示灯。

5)凡是在底架以上无栏杆的各个部位做检查、维修、保养、加油等工作时必须系安全带。

6)填好当班履历书及各种记录。

7)锁紧夹轨器。

5 塔式起重机主要零部件

5.1 钢丝绳

钢丝绳是起重作业中必备的重要部件,通常由多根钢丝捻成绳股,再由多股围绕绳芯捻制而成。钢丝绳具有强度高,弹性大,能承受振动荷载,能卷绕成盘,能在高速下平稳运动,并且无噪声等特点。广泛用于捆绑物体的司索绳以及起重机的起升、牵引、缆风绳等。

5.1.1 钢丝绳的分类和标记

(1) 钢丝绳的分类

钢丝绳的种类较多,塔式起重机上一般使用圆股钢丝绳,本教材按照《重要用途钢丝绳》GB 8918—2006 对钢丝绳进行分类。

1) 钢丝绳按绳和股的断面、股数和股外层钢丝绳的数目分类,见表 5-1。

2) 钢丝绳按捻法分为右交互捻(ZS)、左交互捻(SZ)、右同向捻(ZZ)和左同向捻(SS)四种,如图 5-1 所示。

3) 钢丝绳按绳芯不同分为纤维芯和钢芯。纤维芯钢丝绳比较柔软,易弯曲,纤维芯可浸油作润滑、防锈,减少钢丝间的摩擦;金属芯的钢丝绳耐高温、耐重压、硬度大、不易弯曲。

表 5-1

钢 丝 绳 分 类

组别	类别	分类原则	典型结构 钢丝绳	典型结构 股绳	直径范围(mm)
1	6×7	6个圆股,每股外层无丝捻制1~2根,中心丝(或无)外捻制1~2层钢丝,钢丝等捻距	6×7 6×9W	(6+1) (3/3+3)	8~36 14~36
2	6×19	6个圆股,每股外层丝捻制2~3层,中心丝,钢丝等捻距	6×19S 6×19W 6×25Fi 6×26WS 6×31WS	(9+9+1) (6/6+6+1) (12+6F+6+1) (10+5/5+5+1) (12+6/6+6+1)	12~36 12~40 12~44 20~40 22~46
3	6×37	6个圆股,每股外层丝捻制3~4层,14~18根,中心丝外丝捻制3~4层钢丝,钢丝等捻距	6×29Fi 6×36WS 6×37S(点线接触) 6×41WS 6×49SWS 6×55SWS	(14+7F+7+1) (14+7/7+7+1) (15+15+6+1) (16+8/8+8+1) (16+8/8+8+1) (18+9/9+9+9+1)	14~44 18~60 20~60 32~56 36~60 36~64
4	8×19	8个圆股,每股外层丝捻制2~3层,中心丝,钢丝等捻距	8×19S 8×19W 8×25Fi 8×26WS 8×31WS	(9+9+1) (6/6+6+1) (12+6F+6+1) (10+5/5+6+1) (12+6/6+6+1)	20~44 18~48 16~52 24~48 26~56

圆股钢丝绳

续表

组别	类别	分类原则	典型结构 钢丝绳	典型结构 股绳	直径范围(mm)
5	8×37	8个圆股,每股外层丝可到14～18根,中心丝外捻制3～4层钢丝,钢丝等捻距	8×36WS 8×41WS 8×49SWS 8×55SWS	(14+7/7+7+1) (16+8/8+8+1) (16+8/8+8+8+1) (18+9/9+9+9+1)	22～60 40～56 44～64 44～64
6	18×7	钢丝绳中有17或18个圆股,每股外层丝可到4～7根,在纤维芯或钢芯外捻制2层股	17×7 18×7	(6+1) (6+1)	12～60 12～60
7	18×19	钢丝绳中有17个或18个圆股,每股外层丝可到8～12根,钢丝等捻距,在纤维芯或钢芯外捻制2层股	18×19W 18×19S	(6/6+6+1) (9+9+1)	24～60 28～60
8	34×7	钢丝绳中有34～36个圆股,每股外层丝可到7根,在纤维芯或钢芯外捻制3层股	34×7 36×7	(6+1) (6+1)	16～60 20～60
9	35W×7	钢丝绳中有24～40个圆股,每股外层丝可到4～8根,在纤维芯或钢芯(钢丝)外捻制3层股	35W×7 24W×7	(6+1)	16～60

(圆股钢丝绳)

续表

组别	类别	分类原则	典型结构 钢丝绳	典型结构 股绳	直径范围(mm)
10	6V×7	6个三角形股,每股外层丝7~9根,三角形股外捻制1层钢丝	6V×18 6V×19	(/3×2+3/+9) (/1×7+3/+9)	20~36 20~36
11	6V×19	6个三角形股,每股外层丝10~14根,三角形股芯或纤维芯外捻制2层钢丝	6V×21 6V×24 6V×30 6V×34	(FC+9+12) (FC+12+12) (6+12+12) (/1×7+3/+12+12)	18~36 18~36 20~38 20~44
12	6V×37	6个三角形股,每股外层丝15~18根,三角形股芯外捻制2层钢丝	6V×37 6V×37S 6V×43	(/1×7+3/+12+15) (/1×7+3/+12+15) (/1×7+3/+15+18)	32~52 32~52 38~58
13	4V×39	4个扇形股,每股芯层丝15~18根,纤维股芯外捻制3层钢丝	4V×39S 4V×48S	(FC+9+15+15) (FC+12+18+18)	16~36 20~40
14	6Q×19 + 6V×21	钢丝绳中有12~14个股,在6个三角形股外,捻制6~8个椭圆股	6Q×19 + 6V×21 6Q×33 + 6V×21	外股(5+14) 内股(FC+9+12) 外股(5+13+15) 内股(FC+9+12)	40~52 40~60

异形股钢丝绳

注:1. 13组及11组中异形股钢丝绳中6V×21,6V×24结构仅为纤维绳芯,其余组别的钢丝绳可由需方指定纤维绳芯或钢芯,
2. 三角形股绳的结构可以相互代替,或改用其他结构的三角形股,但应在订货合同中注明。

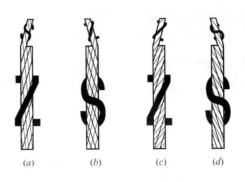

图 5-1 钢丝绳按捻法分类

(a) 右交互捻；(b) 左交互捻；(c) 右同向捻；(d) 左同向捻

(2) 标记

根据国家标准《钢丝绳术语、标记和分类》GB/T 8706—2006，钢丝绳的标记格式如图 5-2 所示。

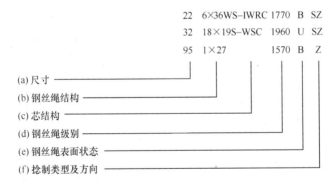

图 5-2 钢丝绳的标记示例

5.1.2 钢丝绳的选用

(1) 选用原则

1) 能承受所要求的拉力，保证足够的安全系数。

2) 能保证钢丝绳受力不发生扭转。
3) 耐疲劳，能承受反复弯曲和振动作用。
4) 有较好的耐磨性能。
5) 与使用环境相适应：
①高温或多层缠绕的场合宜选用金属芯；
②高温、腐蚀严重的场合宜选用石棉芯；
③有机芯易燃，不能用于高温场合。
6) 必须有产品检验合格证。
(2) 安全系数

在钢丝绳受力计算和选择钢丝绳时，考虑到钢丝绳受力不均、负荷不准确、计算方法不精确和使用环境较复杂等一系列不利因素，应给予钢丝绳一个储备能力。因此确定钢丝绳的受力时必须考虑一个系数，作为储备能力，这个系数就是钢丝绳的安全系数。起重用钢丝绳必须预留足够的安全系数，是基于以下因素确定的：

1) 钢丝绳的磨损、疲劳破坏、锈蚀、不恰当使用、尺寸误差、制造质量缺陷等不利因素带来的影响；
2) 钢丝绳的固定强度达不到钢丝绳本身的强度；
3) 由于惯性及加速作用（如启动、制动、振动等）而造成的附加载荷的作用；
4) 由于钢丝绳通过滑轮槽时的摩擦阻力作用；
5) 吊重时的超载影响；
6) 吊索及吊具的超重影响；
7) 钢丝绳在绳槽中反复弯曲而造成的危害的影响。

钢丝绳的安全系数是不可缺少的安全储备，绝不允许凭借这种安全储备而擅自提高钢丝绳的最大允许安全载荷，钢丝绳的安全系数见表 5-2。

(3) 钢丝绳受力计算

钢丝绳的安全系数　　　　　　表 5-2

用　途	安全系数	用　途	安全系数
作缆风	3.5	作吊索、无弯曲时	6～7
用于手动起重设备	4.5	作捆绑吊索	8～10
用于机动起重设备	5～6	用于载人的升降机	14

钢丝绳的允许拉力是钢丝绳实际工作中所允许的实际载荷，其与钢丝绳的最小破断拉力和安全系数关系式为：

$$[F] = \frac{F_0}{K} \tag{5-1}$$

式中　$[F]$——钢丝绳允许拉力（kN）；

　　　F_0——钢丝绳最小破断拉力（kN）；

　　　K——钢丝绳的安全系数。

【例 5-1】　一规格为 $6 \times 19S + FC$，公称抗拉强度为 1570MPa，直径为 16mm 的钢丝绳，试确定使用单根钢丝绳作捆绑吊索所允许吊起的重物的最大重量。

【解】　已知钢丝绳规格为 $6 \times 19S + FC$，$R_0 = 1570$MPa，$D = 16$mm

查《重要用途钢丝绳》（GB 8918—2006）中表 10 可知，$F_0 = 133$kN

根据题意，该钢丝绳属于用作捆绑吊索，查表 5-2 知，$K = 8$，根据式（5-1），得

$$[F] = \frac{F_0}{K} = \frac{133}{8} = 16.625 \text{kN}$$

该钢丝绳作捆绑吊索所允许吊起的重物的最大重量为 16.625kN。

5.1.3　钢丝绳的穿绕与固定

（1）钢丝绳的截断与扎结

在截断钢丝绳时,要在截分处进行扎结。扎结宽度应不小于3倍钢丝绳直径。扎结铁丝的绕向必须与钢丝绳股的绕向相反,并要用专门工具扎结紧固,以免钢丝绳在断头处松开。钢丝绳可借助特制铡刀、无齿锯以及气割等截断。

(2) 钢丝绳的穿绕

钢丝绳的使用寿命,在很大程度上取决于穿绕方式是否正确。

1) 穿绕钢丝绳时,必须注意检查钢丝绳的捻向。

①动臂式塔式起重机的臂架拉绳捻向必须与臂架变幅绳的捻向相同;

②起升钢丝绳的捻向必须与起升卷筒上的钢丝绳绕向相反。

2) 在更换钢丝绳时,为了确保钢丝绳能有较长的使用寿命,必须注意绳头在卷筒上的固定点位置,绳槽的走向。

①起升机构卷筒钢丝绳由左向右卷绕,并且是由卷筒上方引出钢丝绳,所选用的钢丝绳应是右捻钢丝绳;

②卷筒上绳的绕卷方向是由右向左,并且是由卷筒下方引出钢丝绳,则所选用的钢丝绳也应是右捻向的;

③卷筒上绳的绕向是自左向右,并且是由卷筒下方引出,选用的钢丝绳应是左捻的;

④卷筒自右向左绕绳并由卷筒上方引出绳,选用的钢丝绳也应是左捻钢丝绳。

(3) 钢丝绳的固定与连接

钢丝绳的连接或固定方式应与使用要求相符,连接或固定部位应达到相应的强度和安全要求。常用的连接和固定方式有以下几种,如图5-3所示。

1) 编结连接,如图5-3 (a) 所示,编结长度不应小于钢丝绳直径的15倍,且不应小于300mm;连接强度不小于75%钢丝绳破断拉力。

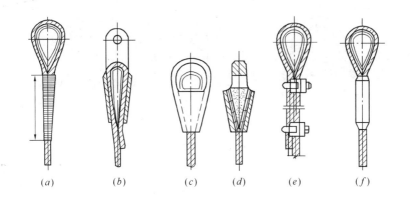

图 5-3 钢丝绳固定连接

(a) 编结连接；(b) 楔块、楔套连接；
(c)、(d) 锥形套浇铸法；(e) 绳夹固定连接；(f) 铝合金套压缩法

2）楔块、楔套连接，如图 5-3（b）所示，钢丝绳一端绕过楔块，利用楔块在套筒内的锁紧作用使钢丝绳固定。固定处的强度约为绳自身强度的 75%～85%。楔套应用钢材制造，连接强度不小于 75% 钢丝绳破断拉力。

3）锥形套浇铸法，如图 5-3（c）、（d）所示，先将钢丝绳拆散，切去绳芯后插入锥套内，再将钢丝绳末端弯成钩状，然后灌入熔融的铅液，最后经过冷却即成。

4）绳夹固定连接，如图 5-3（e）所示，绳夹固定连接简单、可靠，得到广泛的应用。用绳夹（如图 5-4 所示）固定时，应注意绳夹数量、绳夹间距、绳夹的方向和固定处的强度；连接强度不小于 85% 钢丝绳破断拉力；绳夹数量应根据钢丝绳直径满足表 5-3 的要求；绳卡压板应在钢丝绳长头一边，绳卡间距不应小于钢丝绳直径的 6 倍。

钢丝绳夹数量 表 5-3

绳夹规格（钢丝绳直径）(mm)	≤18	18～26	26～36	36～44	44～60
绳夹最少数量（组）	3	4	5	6	7

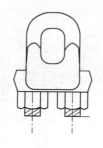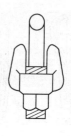

图 5-4 钢丝绳夹

5）铝合金套压缩法，如图 5-3（f）所示，钢丝绳末端穿过锥形套筒后松散钢丝，将头部钢丝弯成小钩，浇入金属液凝固而成。其连接应满足相应的工艺要求，固定处的强度与钢丝绳自身的强度大致相同。

5.1.4 钢丝绳的润滑

对钢丝绳定期进行系统润滑，可保证钢丝绳的性能，延长使用寿命。润滑之前，应将钢丝绳表面上积存的污垢和铁锈清除干净，最好是用镀锌钢丝刷将钢丝绳表面刷净。钢丝绳表面越干净，润滑油脂就越容易渗透到钢丝绳内部去，润滑效果就越好。钢丝绳润滑的方法有刷涂法和浸涂法。刷涂法就是人工使用专用的刷子，把加热的润滑脂涂刷在钢丝绳的表面上。浸涂法就是将润滑脂加热到 60℃，然后使钢丝绳通过一组导辊装置被张紧，同时使之缓慢地在容器里熔融润滑脂中通过。

5.1.5 钢丝绳的检查和报废

钢丝绳在承载过程中，受到拉力作用，通过滑轮或卷筒时被强迫弯曲，钢丝与钢丝相挤压，在滑轮或卷筒的绳槽中运动时发生摩擦，外界环境对钢丝绳的侵蚀等。这些不利因素综合积累作用，会使钢丝绳在使用一段时间后，钢丝首先出现缺陷，例如断丝、锈蚀、磨损和变形等，使其他未断钢丝的应力加大，从而使断丝速度加快，强度逐渐降低，发展到一定程度，最终将导致钢丝绳无法保证正常安全工作，甚至发生破坏造成事故。我们只有掌握钢丝绳的报废标准，采用正确的检查养护手段，及早发现、及时更换报废的钢丝绳才能保证安全。

（1）钢丝绳的检查

钢丝绳在使用期间，一定要按规定进行定期检查，检查包括外部检查与内部检查两部分。

1）钢丝绳外部检查

①直径检查：直径是钢丝绳极其重要的参数。通过对直径测量，可以反映该处直径的变化程度、钢丝绳是否受到过较大的冲击载荷、捻制时股绳张力是否均匀一致、绳芯对股绳是否保持了足够的支撑能力。钢丝绳直径用带有宽钳口的游标卡尺测量。其钳口的宽度要足以跨越两个相邻的股，如图5-5所示。

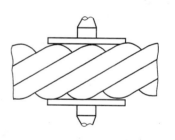

图 5-5 钢丝绳直径测量方法

②磨损检查：钢丝绳在使用过程中产生磨损现象不可避免。通过对钢丝绳磨损检查，可以反映出钢丝绳与匹配轮槽的接触状况，在无法随时进行性能试验的情况下，根据钢丝的磨损程度来推测钢丝绳实际承载能力。

③断丝检查：钢丝绳在投入使用后，肯定会出现断丝现象，尤其是到了使用后期，断丝发展速度会迅速上升。由于钢丝绳在使用过程中不可能一旦出现断丝现象即停止运行（虽然对于新钢丝绳而言，这种现象是不允许的），因此，通过断丝检查，尤其

是对一个捻距内断丝情况检查,不仅可以推测钢丝绳继续承载的能力,而且根据出现断丝根数的发展速度,间接预测钢丝绳使用疲劳寿命。

④润滑检查:通常情况下,新出厂钢丝绳大部分在生产时已经进行了润滑处理,但在使用过程中,润滑油脂会流失减少。鉴于润滑不仅能够对钢丝绳在运输和存储期间起到防腐保护作用,而且能够减少钢丝绳使用过程中钢丝之间、股绳之间和钢丝绳与匹配轮槽之间的摩擦,对延长钢丝绳使用寿命十分有益,因此,为把腐蚀、摩擦对钢丝绳的危害降低到最低程度,进行润滑检查十分必要。尽管有时钢丝绳表面不一定涂覆润滑性质的油脂(例如增摩性油脂),但是,从防腐和满足特殊需要看,润滑检查仍然十分重要。

2)钢丝绳内部检查

对钢丝绳进行内部检查要比进行外部检查困难得多,但由于内部损坏(主要由锈蚀和疲劳引起的断丝)隐蔽性更大,因此,为保证钢丝绳安全使用,必须在适当的部位进行内部检查。

如图 5-6 所示,检查时将两个尺寸合适的夹钳相隔 100～200mm 夹在钢丝绳上反方向转动,股绳便会脱起。操作时,必须十分仔细,以避免股绳被过度移位造成永久变形(导致钢丝绳结构破坏)。如图 5-7 所示,小缝隙出现后,用螺钉旋具之类的探针拨动股绳并把妨碍视线的油脂或其他异物拨开,对内部润

图 5-6 对一段连续钢丝绳作内部检验

滑、钢丝锈蚀、钢丝及钢丝间相互运动产生的磨痕等情况进行仔细检查。检查断丝，一定要认真，因为钢丝断头一般不会翘起而不容易被发现。检查完毕后，稍用力转回夹钳，以使股绳完全恢复到原来位置。如果上述过程操作正确，钢丝绳不会变形。对靠近绳端的绳段特别是对固定钢丝绳应加以注意，诸如支持绳或悬挂绳。

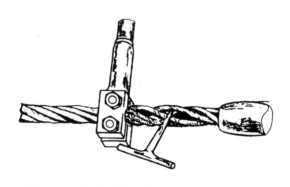

图 5-7　对靠近绳端装置的钢丝绳尾部作内部检验

3) 钢丝绳使用条件检查

前面叙述的检查仅是对钢丝绳本身而言，这只是保证钢丝绳安全使用要求的一个方面。除此之外，还必须对与钢丝绳使用的外围条件——匹配轮槽的表面磨损情况、轮槽几何尺寸及转动灵活性进行检查，以保证钢丝绳在运行过程中与其始终处于良好的接触状态、运行摩擦阻力最小。

(2) 钢丝绳的报废

钢丝绳使用的安全程度由断丝的性质和数量、绳端断丝、断丝的局部聚集、断丝的增加率、绳股断裂、绳径减小、弹性降低、外部磨损、外部及内部腐蚀、变形、由于受热或电弧的作用而引起的损坏等项目判定。对钢丝绳可能出现缺陷的典型示例，国家在《起重机用钢丝绳检验和报废使用规范》GB/T 5972—2006 中作了详细的说明，见附录 E。

1) 断丝的性质和数量

对于 6 股和 8 股的钢丝绳，断丝主要发生在外表。而对于多层绳股的钢丝绳，断丝大多数发生在内部，因而是"不可见的"断裂。因此，在检查断丝数时，应综合考虑断丝的部位、局部聚集程度和断丝的增长趋势，以及该钢丝绳是否用于危险品作业等因素。对钢制滑轮上工作的圆股钢丝绳中断丝根数在规定长度内的断丝数达到表 5-4 的数值，应报废。对钢制滑轮上工作的抗扭钢丝绳中断丝根数达到表 5-6 的数值，应报废。如果钢丝绳锈蚀或磨损时，不同种类的钢丝绳应将表 5-4 和表 5-6 断丝数按表 5-5 折减，并按折减后的断丝数作为判断报废的依据。

2) 绳端断丝

当绳端或其附近出现断丝时，即使数量很少也表明该部位应力很高，可能是由于绳端安装不正确造成的，应查明损坏原因。如果绳长允许，应将断丝的部位切去重新合理安装。

3) 断丝的局部聚集

如果断丝紧靠一起形成局部聚集，则钢丝绳应报废。如这种断丝聚集在小于 $6d$ 的绳长范围内，或者集中在任一支绳股里，那么，即使断丝数比表 5-4 的数值少，钢丝绳也应予报废。

4) 断丝的增加率

在某些使用场合，疲劳是引起钢丝绳损坏的主要原因，断丝则是在使用一个时期以后才开始出现，但断丝数逐渐增加，其时间间隔越来越短。为了判定断丝的增加率，应仔细检验并记录断丝增加情况。根据这个"规律"可用来确定钢丝绳未来报废的日期。

5) 绳股断裂

如果出现整根绳股的断裂，则钢丝绳应予以报废。

6) 由于绳芯损坏而引起的绳径减小

绳芯损坏导致绳径减小可由下列原因引起：

表 5-4 钢制滑轮上工作的圆股钢丝绳中断丝根数的控制标准

外层绳股承载钢丝数 n	钢丝绳典型结构示例[2] (GB 8918—2006, GB/T 20118—2006)[5]	起重机用钢丝绳必须报废时与疲劳有关的可见断丝数[3]							
		机 构 工 作 级 别							
		M1、M2、M3、M4				M5、M6、M7、M8			
		交互捻		同向捻		交互捻		同向捻	
		长度范围[1]				长度范围[1]			
		≤6d	≤30d	≤6d	≤30d	≤6d	≤30d	≤6d	≤30d
≤50	6×7	2	4	1	2	4	8	2	4
51≤n≤75	6×19S*	3	6	2	3	6	12	3	6
76≤n≤100		4	8	2	4	8	16	4	8
101≤n≤120	8×19S* 6×25Fi*	5	10	2	5	10	19	5	10
121≤n≤140		6	11	3	6	11	22	6	11
141≤n≤160	8×25Fi	6	13	3	6	13	26	6	13
161≤n≤180	6×36WS*	7	14	4	7	14	29	7	14
181≤n≤200		8	16	4	8	16	32	8	16
201≤n≤220	6×41WS*	9	18	4	9	18	38	9	18

续表

起重机用钢丝绳必须报废时与疲劳有关的可见断丝数⑤

外层绳股承载钢丝数① n	钢丝绳典型结构示例② (GB 8918—2006, GB/T 20118—2006)⑤	机构工作级别 M1,M2,M3,M4				机构工作级别 M5,M6,M7,M8			
		交互捻 长度范围④		同向捻 长度范围④		交互捻		同向捻	
		≤6d	≤30d	≤6d	≤30d	≤6d	≤30d	≤6d	≤30d
221≤n≤240	6×37	10	19	5	10	19	38	10	19
241≤n≤260		10	21	5	10	21	42	10	21
261≤n≤280		11	22	6	11	22	45	11	22
281≤n≤300		12	24	6	12	24	48	12	24
300<n		0.04n	0.08n	0.02n	0.04n	0.08n	0.16n	0.04n	0.08n

① 填充钢丝不是承载钢丝,因此检验中要予以扣除。多层绳股钢丝绳仅考虑可见的外层,带钢芯的钢丝绳,其绳芯作为内部绳股对待,不予考虑。

② 统计绳中的可见断丝数时,取整至整数值。对外层绳股的钢丝直径大于标准直径的特定结构的钢丝绳,在表中作降低等级处理,并以*号表示。

③ 一根断丝可能有两处可见端。

④ d 为钢丝绳公称直径。

⑤ 钢丝绳典型结构与国际标准的钢丝绳典型结构是一致的。

锈蚀或磨损的折减系数表 表 5-5

钢丝表面磨损或锈蚀量（%）	10	15	20	25	30～40	>40
折减系数（%）	85	75	70	60	50	0

钢制滑轮上工作的抗扭钢丝绳中断丝根数的控制标准 表 5-6

达到报废标准的起重机用钢丝绳与疲劳有关的可见断丝数			
机构工作级别 M1、M2、M3、M4		机构工作级别 M5、M6、M7、M8	
长 度 范 围		长 度 范 围	
≤6d	≤30d	≤6d	≤30d
2	4	4	8

注：1. 可见断丝数，一根断丝可能有两处可见端；

2. 长度范围，d 为钢丝绳公称直径。

①内部磨损和压痕；

②由钢丝绳中各绳股和钢丝之间的摩擦引起的内部磨损，尤其当钢丝绳经受弯曲时更是如此；

③纤维绳芯的损坏；

④钢丝芯的断裂；

⑤多层股结构中内部股的断裂。

如果这些因素引起钢丝绳实测直径（互相垂直的两个直径测量的平均值）相对公称直径减小 3%（对于抗扭钢丝绳而言）或减少 10%（对于其他钢丝绳而言），即使未发现断丝该钢丝绳也应予以报废。

微小的损坏，特别是当所有各绳股中应力处于良好平衡时，用通常的检验方法可能是不明显的。然而这种情况会引起钢丝绳的强度大大降低。所以，有任何内部细微损坏的迹象时，均应对钢丝绳内部进行检验予以查明。一经证实损坏，该钢丝绳就应报废。

7）弹性减小

在某些情况下（通常与工作环境有关），钢丝绳的弹性会显著降低，若继续使用则是不安全的。弹性降低通常伴随下述现象：

①绳径减小；

②钢丝绳捻距增大；

③由于各部分相互压紧，钢丝之间和绳股之间缺少空隙；

④绳股凹处出现细微的褐色粉末；

⑤虽未发现断丝，但钢丝绳明显的不易弯曲和直径减小，比起单纯是由于钢丝磨损而引起的直径减小要严重得多。这种情况会导致在动载作用下钢丝绳突然断裂，故应立即报废。

8) 外部磨损

钢丝绳外层绳股的钢丝表面的磨损，是由于它在压力作用下与滑轮或卷筒的绳槽接触摩擦造成的。这种现象在吊载加速或减速运动时，在钢丝绳与滑轮接触的部位特别明显，并表现为外部钢丝磨成平面状。

润滑不足，或不正确的润滑以及还存在灰尘和砂粒都会加剧磨损。

磨损使钢丝绳的断面积减小而强度降低。当钢丝绳直径相对于公称直径减小7%或更多时，即使未发现断丝，该钢丝绳也应报废。

9) 外部及内部腐蚀

钢丝绳在海洋或工业污染的大气中特别容易发生腐蚀，腐蚀不仅使钢丝绳的金属断面减少导致破断强度降低，还将引起表面粗糙、产生裂纹从而加速疲劳。严重的腐蚀还会降低钢丝绳弹性。外部钢丝的腐蚀可用肉眼观察，内部腐蚀较难发现，但下列现象可供参考：

①钢丝绳直径的变化。钢丝绳在绕过滑轮的弯曲部位直径通常变小。但对于静止段的钢丝绳则常由于外层绳股出现锈蚀而引

起钢丝绳直径的增加。

②钢丝绳外层绳股间的空隙减小,还经常伴随出现外层绳股之间断丝。

如果有任何内部腐蚀的迹象,应对钢丝绳进行内部检验;若有严重的内部腐蚀,则应立即报废。

10)变形

钢丝绳失去正常形状产生可见的畸形称为"变形"。这种变形会导致钢丝绳内部应力分布不均匀。钢丝绳的变形从外观上区分,主要可分下述几种:

①波浪形,波浪形的变形是钢丝绳的纵向轴线成螺旋线形状,如图 5-8 所示。这种变形不一定导致任何强度上的损失,但如变形严重即会产生跳动造成不规则的传动。时间长了会引起磨损及断丝。出现波浪形时,在钢丝绳长度不超过 25d 的范围内,若 $d_1 \geqslant \frac{4}{3}d$ (式中 d 为钢丝绳的公称直径;d_1 是钢丝绳变形后包络的直径),则钢丝绳应报废。

(a)　　　　　　　　　　(b)

图 5-8　波浪形变形
(a)波浪形;(b)变形包络直径

②笼状畸变,这种变形出现在具有钢芯的钢丝绳上,当外层绳股发生脱节或者变得比内部绳股长的时候就会发生这种变形,如图 5-9 所示。笼状畸变的钢丝绳应立即报废。

③绳股挤出,这种变形通常伴随笼状畸变一起产生,如图 5-10 所示。绳股被挤出说明钢丝绳不平衡。绳股挤出的钢丝绳应立即报废。

图 5-9　笼状畸变　　　　　图 5-10　绳股挤出

④钢丝挤出，此种变形是一部分钢丝或钢丝束在钢丝绳背着滑轮槽的一侧拱起形成环状，如图 5-11 所示。这种变形常因冲击载荷而引起。若此种变形严重时，如图 5-11（b）所示，则钢丝绳应报废。

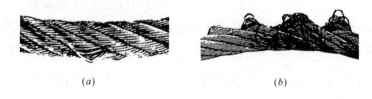

(a)　　　　　　　　　　(b)

图 5-11　钢丝挤出

(a) 钢丝从一绳股中挤出；(b) 钢丝从多股中挤出

⑤绳径局部增大，如图 5-12 所示。钢丝绳直径有可能发生局部增大，并能波及相当长的一段钢丝绳。绳径增大通常与绳芯畸变有关，如图 5-12（a）所示是由钢芯畸变引起的绳径局部增大；如图 5-12（b）所示，是由纤维芯因受潮膨胀引起绳径局部增大。绳径局部增大的必然结果是外层绳股产生不平衡，而造成

(a)　　　　　　　　　　(b)

图 5-12　绳径局部增大

(a) 由钢芯畸变引起；(b) 由纤维芯变质引起

定位不正确，应报废。

⑥扭结，是由于钢丝绳成环状在不可能绕其轴线转动的情况下被拉紧而造成的一种变形，如图 5-13 所示。其结果是出现捻距不均而引起格外的磨损，严重时钢丝绳将产生扭曲，以致只留下极小一部分钢丝绳强度。如图 5-13（a）所示，是由于钢丝绳搓捻过紧而引起纤维芯突出；如图 5-13（b）所示，是钢丝绳在安装时已扭结，安装使用后产生局部磨损及钢丝绳松弛。严重扭结的钢丝绳应立即报废。

图 5-13 扭结

（a）纤维芯突出；（b）钢丝绳松弛

⑦绳径局部减小，如图 5-14 所示，钢丝绳直径的局部减小常常与绳芯的断裂有关。应特别仔细检查靠绳端部位有无此种变形。绳径局部严重减小的钢丝绳应报废。

图 5-14 绳径局部减小

⑧部分被压扁，如图 5-15 所示，钢丝绳部分被压扁是由于

图 5-15 钢丝绳被压扁

（a）部分被压扁；（b）多股被压扁

图 5-16 弯折

机械事故造成的。严重时，则钢丝绳应报废。

⑨弯折，如图 5-16 所示，弯折是钢丝绳在外界影响下引起的角度变形。这种变形的钢丝绳应立即报废。

11）由于受热或电弧的作用而引起的损坏

钢丝绳经受特殊热力作用其外表出现颜色变化时应报废。

5.2 吊钩

5.2.1 吊钩的种类

吊钩按制造方法可分为锻造吊钩和片式吊钩。锻造吊钩又可分为单钩和双钩，如图 5-17（a）、（b）所示。单钩一般用于小起重量，双钩多用于较大的起重量。锻造吊钩材料采用优质低碳镇静钢或低碳合金钢，如 20 优质低碳钢、16Mn、20MnSi、36MnSi。片式吊钩由若干片厚度不小于 20mm 的 C3、20 或

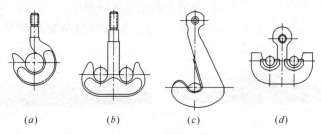

图 5-17 吊钩的种类

（a）锻造单钩；（b）锻造双钩；（c）片式单钩；（d）片式双钩

16Mn 的钢板铆接起来。片式吊钩也有单钩和双钩之分，如图 5-17（c）、（d）所示。

片式吊钩比锻造吊钩安全，因为吊钩板片不可能同时断裂，个别板片损坏还可以更换。吊钩按钩身（弯曲部分）的断面形状可分为：圆形、矩形、梯形和 T 字形断面吊钩。

5.2.2 吊钩的安全技术要求

吊钩应有出厂合格证明，在低应力区应有额定起重量标记。

（1）吊钩的危险断面

对吊钩的检验，必须先了解吊钩的危险断面所在，通过对吊钩的受力分析，可以了解吊钩的危险断面有三个。

如图 5-18 所示，假定吊钩上吊挂重物的重量为 Q，由于重物重量通过钢丝绳作用在吊钩的 Ⅰ-Ⅰ 断面上，有把吊钩切断的趋势，该断面上受切应力；由于重量 Q 的作用，在 Ⅲ-Ⅲ 断面，有把吊钩拉断的趋势，这个断面就是吊钩钩尾螺纹的退刀槽，这个部位受拉应力；由于重量 Q 对吊钩产生拉、切力之后，还有把吊钩拉直的趋势，也就是对 Ⅰ-Ⅰ 断面以左的各断面除受拉力以外，还受到力矩

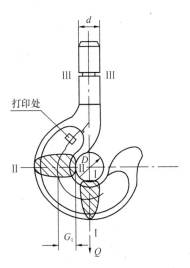

图 5-18 吊钩的危险断面

的作用。因此，Ⅱ-Ⅱ 断面受 Q 的拉力，使整个断面受切应力，同时受力矩的作用。另外，Ⅱ-Ⅱ 断面的内侧受拉应力，外侧受压应力，根据计算，内侧拉应力比外侧压应力大一倍多。所以，

吊钩做成内侧厚，外侧薄就是这个道理。

（2）吊钩的检验

吊钩的检验一般先用煤油洗净钩身，然后用 20 倍放大镜检查钩身是否有疲劳裂纹，特别对危险断面的检查要认真、仔细。钩柱螺纹部分的退刀槽是应力集中处，要注意检查有无裂缝。对板钩还应检查衬套、销子、小孔、耳环及其他紧固件是否有松动、磨损现象。对一些大型、重型起重机的吊钩还应采用无损探伤法检验其内部是否存在缺陷。

（3）吊钩的保险装置

吊钩必须装有可靠防脱棘爪（吊钩保险），防止工作时索具脱钩，如图 5-19 所示。

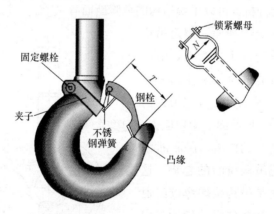

图 5-19　吊钩保险装置

5.2.3　吊钩的报废

吊钩禁止补焊，有下列情况之一的，应予以报废：

（1）用 20 倍放大镜观察表面有裂纹；

（2）钩尾和螺纹部分等危险截面及钩筋有永久性变形；

（3）挂绳处截面磨损量超过原高度的10%；

（4）心轴磨损量超过其直径的5%；

（5）开口度比原尺寸增加15%。

5.3 卷筒

卷筒、滑轮和钢丝绳三者共同组成起重机的卷绕系统，将驱动装置的回转运动转换成起升、变幅的直线运动。卷筒和滑轮是起重机的重要部件，它们的缺陷或运行异常会加速钢丝绳的磨损，导致钢丝绳脱槽、掉钩，从而引发事故。

5.3.1 卷筒的种类

卷筒是卷扬机上卷绕钢丝绳的部件，它用来收放钢丝绳，承载牵引载荷。

（1）按筒体形状，可分为长轴卷筒和短轴卷筒。

（2）按制造方式，可分为铸造卷筒和焊接卷筒。

（3）按卷筒的筒体表面是否有绳槽，可分为光面和螺旋槽面卷筒，如图5-20所示。

（4）按钢丝绳在卷筒上卷绕的层数，可分为单层缠绕卷筒和

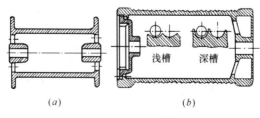

图5-20　卷筒示意图

(*a*)光面卷筒；(*b*)螺旋槽面卷筒

多层缠绕卷筒，多层缠绕卷筒用于起升高度较高，或要求机构紧凑的起重机。

5.3.2 卷筒的结构

卷筒是由筒体、连接盘、轴以及轴承支架等构成的。

单层缠绕卷筒的筒体表面一般切有弧形断面的螺旋槽，以增大钢丝绳与筒体的接触面积，并使钢丝绳在卷筒上的缠绕位置固定，以避免相邻钢丝绳互相摩擦而影响寿命。多层缠绕卷筒的筒体表面通常采用不带螺旋槽的光面。其缺点是钢丝绳排列紧密，各层互相叠压、摩擦，对钢丝绳的寿命影响很大。

卷筒的结构尺寸中，影响钢丝绳寿命的关键尺寸是卷筒的计算直径，按钢丝绳中心计算的卷筒允许的最小卷绕直径必须满足式（5-2）。

$$D_{omin} \geqslant h_1 d \tag{5-2}$$

式中 D_{omin}——按钢丝绳中心计算的卷筒允许的最小卷绕直径（mm）；

d——钢丝绳直径（mm）；

h_1——卷筒直径与钢丝绳直径的比值。

5.3.3 钢丝绳在卷筒上的固定

钢丝绳在卷筒上的固定通常采用压板螺钉或楔块，如图5-21所示。

（1）楔块固定法，如图5-21（a）所示。此法常用于直径较小的钢丝绳，不需要用螺栓，适于多层缠绕卷筒。

（2）长板条固定法，如图5-21（b）所示。通过螺钉的压紧力，将带槽的长板条沿钢丝绳的轴向将绳端固定在卷筒上。

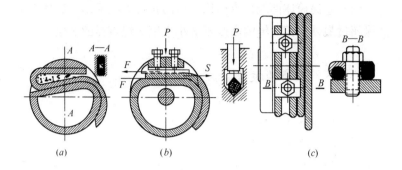

图 5-21　钢丝绳在卷筒上的固定

(a) 楔块固定；(b) 长板条固定；(c) 压板固定

（3）压板固定法，如图 5-21（c）所示。利用压板和螺钉固定钢丝绳，压板数至少为 2 个。此固定方法简单，安全可靠，便于观察和检查，是最常见的固定形式。其缺点是所占空间较大，不宜用于多层卷绕。

为了保证钢丝绳尾的固定可靠，减少压板或楔块的受力，在取物装置降到下极限位置时，在卷筒上除钢丝绳的固定圈外，还应保留 3 圈以上安全圈，也称为减载圈，这在卷筒的设计时已经给予考虑。在使用中，钢丝绳尾的圈数保留得越多，绳尾的压板或楔块的受力就越小，也就越安全。如果取物装置在吊载情况的下极限位置过低，卷筒上剩余的钢丝绳圈数少于设计的安全圈数，就会造成钢丝绳尾受力超过压板或楔块的压紧力，从而导致钢丝绳拉脱，重物坠落。

5.3.4　卷筒安全使用要求

（1）卷筒上钢丝绳尾端的固定装置，应有防松或自紧的性能。对钢丝绳尾端的固定情况，应每月检查一次。在使用的任何状态，必须保证钢丝绳在卷筒上保留不少于 3 圈的安全圈。

(2) 卷筒筒体两端部有凸缘,以防止钢丝绳滑出,筒体端部凸缘超过最外层钢丝绳的高度不应小于钢丝绳直径的 2 倍。

5.3.5 卷筒的报废

卷筒出现下述情况之一的,应予以报废:
(1) 裂纹或凸缘破损;
(2) 卷筒壁磨损量达原壁厚的 10%。

5.4 滑轮和滑轮组

5.4.1 滑轮的分类与作用

根据滑轮的中心轴是否运动,可将其分为动滑轮和定滑轮两类。定滑轮要有固定点,心轴固定不动,作用是改变钢丝绳的施力方向但不省力;动滑轮的心轴可以位移,作用是省力,但不改变施力方向。动、定滑轮都可绕其心轴转动。此外,通过滑轮也可以改变钢丝绳的运动方向,平衡滑轮还可以均衡张力。

5.4.2 滑轮的构造

(1) 滑轮的制造方法与材料

滑轮按制造材料可分为铸钢滑轮、铸铁滑轮、塑料滑轮和铝合金滑轮等。

1) 铸钢滑轮,适用于较高的工作机构级别,滑轮直径较大,但铸造困难,常采用焊接工艺制造以减轻其自重。

2) 铸铁滑轮，常用灰铸铁和球墨铸铁制造，适用于轻、中级工作机构，对钢丝绳磨损小，但其强度较低，脆性大，碰撞容易破损。

3) 滑轮也可采用塑料、铝合金等材料制造，具有重量轻的特点。

(2) 滑轮的构造与尺寸

滑轮由轮缘（包括绳槽）、轮辐、轮毂组成。轮缘是承载钢丝绳的主要部位，轮辐将轮缘与轮毂连接，整个滑轮通过轮毂安装在滑轮轴上。

滑轮的主要尺寸，如图 5-22 所示。

图 5-22 中，各符号意义如下：

D_0——计算直径，按钢丝绳中心计算的滑轮卷绕直径（mm）；

R——绳槽半径，保证钢丝绳与绳槽有足够的接触面积，$R=(0.525\sim 0.650)d$；d 为钢丝绳直径（mm）；

β——钢槽侧夹角，钢丝绳穿绕上下滑轮时，容许与滑轮轴线有一定偏斜，一般 $\beta=35°\sim 40°$；

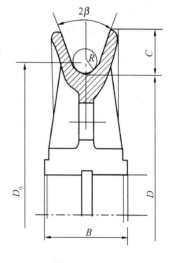

图 5-22 滑轮几何尺寸图

C——绳槽深度，其足够的深度防止钢丝绳跳槽；

D——滑轮绳槽直径（mm）；

B——轮毂厚度（mm）。

其中，D_0 为影响钢丝绳寿命的关键尺寸，必须满足下列关系见式（5-3）。

$$D_{omin} \geqslant h_2 d \qquad (5-3)$$

式中 D_{omin}——按钢丝绳中心计算的滑轮允许的最小卷绕直径（mm）;

d——钢丝绳直径（mm）;

h_2——滑轮直径与钢丝绳直径的比值。

合理的结构尺寸才能保证钢丝绳顺利通过并不易跳槽。

5.4.3 滑轮组

钢丝绳依次绕过若干定滑轮和动滑轮即可组成滑轮组，滑轮组可以起到为钢丝绳导向，增大起重力的作用。

（1）滑轮组的种类

按构造形式，根据绕入卷筒的钢丝绳分支数可分为单联滑轮组（图5-23）和双联滑轮组（图5-24）。单联滑轮组绕入卷筒的钢丝绳只有一根，多用于臂架类型起重机；双联滑轮组绕入卷筒的钢丝绳有两根，常用于桥架类型的起重机。

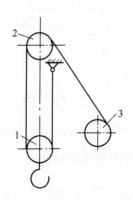

图5-23 单联滑轮组示意图
1—动滑轮；2—导向滑轮；
3—卷筒

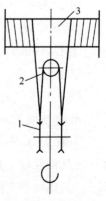

图5-24 双联滑轮示意图
1—动滑轮；2—均衡滑轮；
3—卷筒

(2) 滑轮组的倍率

倍率是指滑轮组省力的倍数,也是减速的倍数,用 m 表示。在不考虑摩擦的理想状态下,m 值可按下式计算:

$$m = \frac{重物的重量}{理论提升力} = \frac{绳索的速度}{重物的速度}$$

单联滑轮组的倍率等于钢丝绳分支数;双联滑轮组的倍率等于钢丝绳分支数的一半。

建筑施工塔式起重机使用的一般为单联滑轮组,如图 5-25 所示,多采用 2 倍率或 4 倍率;倍率越大,起重量越大,但运行速度越慢;反之,倍率越小,起重量越小,但运行速度快,工作效率高。

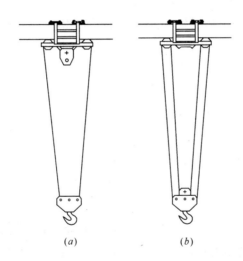

图 5-25 吊钩滑轮组倍率示意图
(a) 2 倍率;(b) 4 倍率

5.4.4 滑轮的报废

滑轮出现下列情况之一的,应予以报废:

(1) 裂纹或轮缘破损;
(2) 滑轮绳槽壁厚磨损量达原壁厚的 20%;
(3) 滑轮底槽的磨损量超过相应钢丝绳直径的 25%。

5.5 制动器

由于塔式起重机周期及间歇性的工作特点,使各个工作机构经常处于频繁启动和制动状态,制动器成为塔式起重机各机构中不可缺少的组成部分,它既是机构工作的控制装置,又是保证塔式起重机作业的安全装置。其工作原理是:制动器摩擦副中的一组与固定机架相连;另一组与机构转动轴相连。当摩擦副接触压紧时,产生制动作用;当摩擦副分离时,制动作用解除,机构可以运动。

5.5.1 制动器的分类

(1) 根据构造不同,制动器可分为以下三类:
1) 带式制动器。制动钢带在径向环抱制动轮而产生制动力矩,如图 5-26 所示。
2) 块式制动器。两个对称布置的制动瓦块,在径向抱紧制动轮而产生制动力矩,如图 5-27 所示。塔式起重机的制动器一般采用块式制动器。
3) 盘式与锥式制动器。带有摩擦衬料的盘式和锥式金属盘,在轴向互相贴紧而产生制动力矩,如图 5-28 和图 5-29 所示。
(2) 按工作状态,制动器一般可分为常闭式制动器和常开式制动器。
1) 常闭式制动器。在机构处于非工作状态时,制动器处于

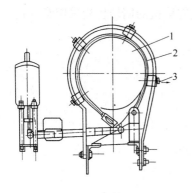
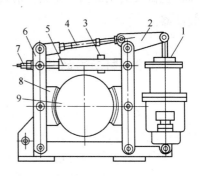

图 5-26 带式制动器
1—制动轮；2—制动带；
3—限位螺钉

图 5-27 块式制动器
1—液压电磁铁；2—杠杆；3—挡板；
4—螺杆；5—弹簧架；6—制动臂；
7—拉杆；8—瓦块；9—制动轮

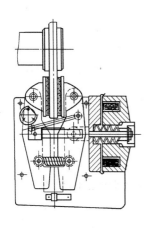
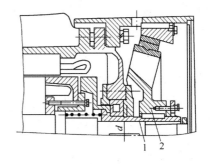

图 5-28 盘式制动器

图 5-29 锥式制动器
1—顶套；2—锥式制动盘

闭合制动状态；在机构工作时，操纵机构先行自动松开制动器。塔式起重机的起升和变幅机构均采用常闭式制动器。

2) 常开式制动器。制动器平常处于松开状态，需要制动时通过机械或液压机构来完成。塔式起重机的回转机构采用常开式制动器。

5.5.2 制动器的作用

(1) 支持作用：使原来静止物体保持相对持久的静止状态。例如，在起升机构中，保持吊重静止在空中；在动臂起重机的变幅机构中，将臂架维持在一定的位置保持不动。

(2) 停止作用：消耗运动部分的动能，通过摩擦副转化为摩擦热能，使机构迅速在一定时间或一定行程内停止运动。如塔式起重机各个机构在运动状态下的制动。

5.5.3 制动器的检查

正常使用的起重机，每个班次都应对制动器进行检查，主要包括：制动器关键零件的完好状况、摩擦副的接触和分离间隙、松闸器的可靠性、制动器整体工作性能等应保证灵敏无卡塞现象。每次起重作业（特别是吊运重、大、精密物品）时，要先将吊物吊离地面一小段距离，检验、确认制动器性能可靠后，方可实施操作。制动器安全检查重点：

(1) 制动轮的制动摩擦面是否有妨碍制动性能的缺陷或沾染油污；

(2) 制动带或制动瓦块的摩擦材料的磨损程度；

(3) 制动带或制动瓦块与制动轮的实际接触面积，不应小于理论接触面积的 70%；

(4) 制动器不得出现过热现象；

(5) 控制制动器的操纵部位（如踏板、操纵手柄等）应有防滑性能。

5.5.4 制动器的报废

制动器的零件有下列情况之一的，应予报废：
(1) 可见裂纹；
(2) 制动块摩擦衬垫磨损量达原厚度的 50%；
(3) 制动轮表面磨损量达 1.5～2mm；
(4) 弹簧出现塑性变形；
(5) 电磁铁杠杆系统空行程超过其额定行程的 10%。

5.6 吊具索具

5.6.1 卸扣

(1) 卸扣的分类

卸扣又称卡环，是用来固定和扣紧吊索的。起重用卸扣按其扣体形状分为 D 形卸扣（代号为 D）和弓形卸扣（代号为 B）两种形式，如图 5-30 所示。

卸扣的销轴型式分为下列几种：如图 5-31 所示。

1) W 形：带环眼和台肩的螺纹销轴；
2) X 形：六角头螺栓、六角螺母和开口销；
3) Y 形：沉头螺钉；
4) Z 形：在不削弱卸扣强度的情况下采用的其他形式的销轴。

(2) 卸扣使用的注意事项

1) 卸扣必须是锻造的，一般是用 20 号钢锻造后经过热处理

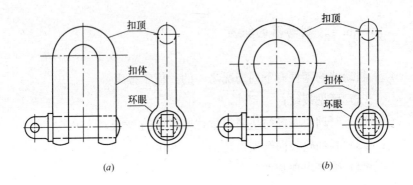

图 5-30 卸扣

(a) D形卸扣；(b) B形卸扣

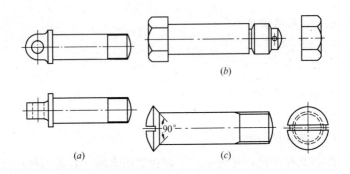

图 5-31 销轴的几种形式

(a) W形，带有环眼和台肩的螺纹销轴；
(b) X形，六角头螺栓、六角螺母和开口销；(c) Y形，沉头螺钉

而制成的，以便消除残余应力和增加其韧性，不能使用铸造和补焊的卡环。

2) 使用时不得超过规定的荷载，应使销轴与扣顶受力，不能横向受力。横向使用会造成扣体变形。

3) 吊装时使用卸扣绑扎，在吊物起吊时应使扣顶在上销轴在下，如图 5-30 所示，使绳扣受力后压紧销轴，销轴因受力，在销孔中产生摩擦力，使销轴不易脱出。

4）不得从高处往下抛掷卸扣，以防止卸扣落地碰撞而变形和内部产生损伤及裂纹。

5）使用中应经常检查销轴和扣体，发现严重磨损变形或疲劳裂纹时，应及时更换。

5.6.2 吊索

吊索又称千斤绳，在建筑行业中主要用于绑扎构件以便起吊，一般用钢丝绳制成。

(1) 吊索的形式

吊索的形式大致可分为可调捆绑式吊索、无接头吊索、压制吊索和插编吊索等，如图 5-32 所示。还有一种是一、二、三、四腿钢丝绳钩成套吊索，如图 5-33 所示。

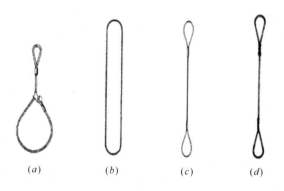

图 5-32 吊索
(a) 可调捆绑式吊索；(b) 无接头吊索；(c) 压制吊索；(d) 插编吊索

(2) 吊索的受力计算

吊索在垂直受力情况下，用二根、三根、四根钢丝绳同时吊一物件，其安全负荷量原则上是以单根的负荷量分别乘以 2、3 或 4。而实际吊装中，用两根以上钢丝绳吊装，其吊绳间是有夹

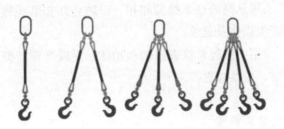

图 5-33 一、二、三、四腿钢丝绳钩成套吊索

角的,吊同样重的物件,吊绳间夹角不同,单根钢丝绳所受的拉力是不同的。一般用若干根钢丝绳吊装某一物体,如图 5-34 所示。要计算钢丝绳的承受力,见式 (5-4)。

$$P = \frac{Q}{n} \times \frac{1}{\cos\alpha} \quad (5\text{-}4)$$

如果以 $K_1 = \frac{1}{\cos\alpha}$,公式可以写成,见式 (5-5)。

$$P = K_1 \frac{Q}{n} \quad (5\text{-}5)$$

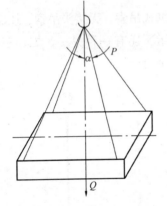

图 5-34 四绳吊装图示

式中 P——钢丝绳的承受力;

Q——吊物重量;

n——钢丝绳的根数;

K_1——随钢丝绳与吊垂线夹角 α 变化的系数,见表 5-7。

随 α 角度变化的 K_1 值   表 5-7

α	0°	15°	20°	25°	30°	35°	40°	45°	50°	55°	60°
K_1	1	1.035	1.06	1.10	1.15	1.22	1.31	1.41	1.56	1.75	2

由式 (5-5) 和图 5-35 可知:若重物 Q 和钢丝绳数目 n 一定时,系数 K_1 越大(α 角越大),钢丝绳承受力也越大。因此,在起重吊装作业中,捆绑钢丝绳时,必须掌握下面的专业知识:

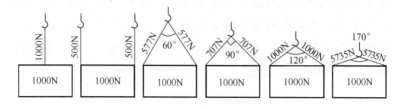

图 5-35 吊索分支拉力计算数据图示

1) 吊绳间的夹角越大,张力越大,单根吊绳的受力也越大;反之,吊绳间的夹角越小,吊绳的受力也越小。所以吊绳间夹角小于 60°为最佳,夹角不允许超过 120°。

2) 捆绑方形物体起吊时,吊绳间的夹角有可能达到 170°左右,此时,钢丝绳受到的拉力会达到所吊物体重量的 5～6 倍,很容易拉断钢丝绳,因此危险性很高。120°可以看作是起重吊运中的极限角度。另外,夹角过大,容易造成脱钩。

3) 绑扎时吊索的捆绑方式也影响其安全起重量,在进行绑扎吊索的强度计算时,其安全系数应取大一些;在估算钢丝绳直径时,应按图 5-36 所示进行折算;如果吊绳间有夹角,在计算吊绳安全载荷的时候,应根据夹角的不同,分别再乘以折减系数。

4) 钢丝绳的起重能力不仅与起吊钢丝绳之间的夹角有关,而且与捆绑时钢丝绳曲率半径有关。一般钢丝绳的曲率半径大于

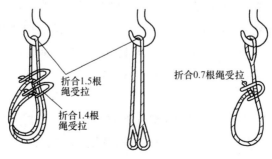

图 5-36 捆绑绳的折算

绳径 6 倍以上，起重能力不受影响。当曲率半径为绳径的 5 倍时，起重能力降至原起重能力的 85%，当曲率半径为绳径的 4 倍时，降至 80%，3 倍时降至 75%，2 倍时降至 65%，1 倍时降至 50%。如图 5-37 所示。

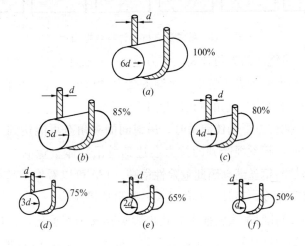

图 5-37 起吊钢丝绳曲率图

5.6.3 捯链

捯链又叫手拉葫芦，它适用于小型设备和物体的短距离吊装，可用来拉紧缆风绳，以及用在构件或设备运输时拉紧捆绑的绳索，如图 5-38 所示。捯链具有结构紧凑、手拉力小、携带方便、操作简单等优点，它不仅是起重常用的工具，也常用作机械设备的检修拆装工具。捯链在使用时应注意以下几点：

(1) 使用前需检查传动部分是否灵活，链子和吊钩及轮轴是否有裂纹损伤，手拉链是否有跑链或掉链等现象。

(2) 挂上重物后，要慢慢拉动链条，当起重链条受力后再检查各部分有无变化,自锁装置是否起作用,经检查确认各部分情况良好后,方可继续工作。

(3)在任何方向使用时,拉链方向应与链轮方向相同,防止手拉链脱槽,拉链时力量要均匀,不能过快过猛。

(4)当手拉链拉不动时,应查明原因,不能增加人数猛拉,以免发生事故。

(5)起吊重物中途停止的时间较长时,要将手拉链栓在起重链上,以防时间过长而自锁失灵。

(6)转动部分要经常上油,保证滑润,减少摩损,但切勿将润滑油渗进摩擦片内,以防自锁失灵。

图 5-38 捯链

5.7 高强度螺栓

高强度螺栓是连接塔式起重机结构件的重要零件。高强度螺栓副应符合 GB/3098.1 和 GB/3098.2 的规定,并应有性能等级符合标识及合格证书。塔身标准节、回转支承等类似受力连接用高强度螺栓应提供楔荷载合格证明。

5.7.1 高强度螺栓的等级和分类

(1)高强度螺栓的等级

高强度螺栓按强度可分为 8.8、9.8、10.9 和 12.9 四个等级,直径一般为 12~42mm。

(2)高强度螺栓连接方式

高强度螺栓连接按受力状态可分为抗剪螺栓和抗拉螺栓。

塔身标准节的螺栓连接方式主要有连接套式和铰制孔式，如图 5-39 所示。连接套式螺栓连接的特点是螺栓受拉，对于主弦杆由角钢、方管和圆管制作的标准节连接均可适用。螺栓本身主要受拉力，因此要求螺栓有足够的预紧力，才能保证连接的安全可靠。片式塔身标准节各片之间的连接通常采用铰制孔式螺栓，螺杆主要承受剪力，螺杆与孔壁之间为紧配合。

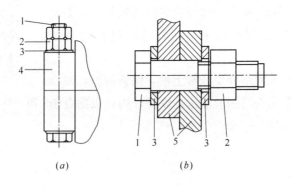

图 5-39　高强螺栓连接

(a) 连接套连接；(b) 铰制孔连接

1—高强度螺栓；2—高强度螺母；3—高强度平垫圈；
4—标准节连接套；5—被连接件

5.7.2　高强度螺栓的预紧力

高强度螺栓的预紧力矩是保证螺栓连接质量的重要指标，它综合体现了螺栓、螺母和垫圈组合的安装质量。所以安装人员在塔式起重机安装、顶升升节时必须严格按相关塔式起重机使用说明书中规定的预紧力矩数值拧紧，常用的高强度螺栓预紧力和预紧扭矩见表 5-8。

表 5-8 常用的高强度螺栓预紧力和预紧扭矩

螺栓性能等级		8.8				9.8				10.9		
螺栓材料屈服强度 (N/mm^2)		640				720				900		
		预紧力 F_{sp}	理论预紧扭矩 M_{ap}	实际使用预紧扭矩 $M=0.9M_{sp}$	预紧力 F_{sp}	理论预紧扭矩 M_{ap}	实际使用预紧扭矩 $M=0.9M_{sp}$		预紧力 F_{sp}	理论预紧扭矩 M_{ap}	实际使用预紧扭矩 $M=0.9M_{sp}$	
螺纹规格	公称应力截面积 A_s	螺纹最小截面积 A_g	N		N·m		N	N·m		N	N·m	
mm	mm^2	mm^2										
18	192	175	88000	290	260	99000	325	292		124000	405	365
20	245	225	114000	410	370	128000	462	416		160000	580	520
22	303	282	141000	550	500	158000	620	558		199000	780	700
24	353	324	164000	710	640	184000	800	720		230000	1000	900
27	459	427	215000	1050	950	242000	1180	1060		302000	1500	1350
30	561	519	262000	1450	1300	294000	1620	1460		368000	2000	1800
33	694	647	326000			365000				458000		
36	817	759	328000	由实验决定		430000	由实验决定			538000	由实验决定	
39	976	913	460000			517000				646000		
42	1120	1045	526000			590000				739000		
45	1300	1224	614000			690000				863000		
48	1470	1377	692000			778800				973000		

5.7.3 高强度螺栓的安装使用

(1) 安装前先对高强度螺栓进行全面检查，核对其规格、等级标志，检查螺栓、螺母及垫圈有无损坏，其连接表面应清除灰尘、油漆、油迹和锈蚀。

(2) 螺栓、螺母、垫圈配合使用时，高强度螺栓绝不允许采用弹簧垫圈，必须使用平垫圈，塔身高强度螺栓必须采用双螺母防松。

(3) 应使用力矩扳手或专用扳手，按使用说明书要求拧紧。

(4) 高强度螺栓安装穿插方向宜采用自下而上穿插，即螺母在上面。

(5) 高强度螺栓、螺母使用后拆卸再次使用，一般不得超过二次。回转支承的高强度螺栓、螺母拆除后，不得重复使用，且全套高强度螺栓、螺母必须按原件的要求全部更换。

(6) 拆下将再次使用的高强度螺栓、螺母必须无任何损伤、变形、滑牙、缺牙、锈蚀及螺栓粗糙度变化较大等现象，反之则禁止用于受力构件的连接。

6 塔式起重机维护保养和常见故障

6.1 塔式起重机的维护保养

6.1.1 塔式起重机维护保养的意义

为了使塔式起重机经常处于完好状态和高效率的安全运转状态，避免和消除塔式起重机在运转工作中可能出现故障，提高塔式起重机的使用寿命，必须及时正确地做好塔式起重机的保养工作。

（1）塔式起重机工作状态中，经常遭受风吹雨打、日晒的侵蚀，灰尘、砂土经常会落到机械各部分，如不及时清除和保养，将会侵蚀机械，使其寿命缩短。

（2）在机械运转过程中，各工作机构润滑部位的润滑油及润滑脂会自然损耗后流失，如不及时补充，将会加重机械的磨损。

（3）机械经过一段时间的使用后，各相互运转机件会自然磨损，各运转零件的配合间隙会发生变化，如果不及时进行保养和调整，各互相运动的机件磨损就会加快，甚至导致运动机件的完全损坏。

（4）机械在运转过程中，如果各工作机构的运转情况不正常，又得不到及时的保养和调整，将会导致工作机构完全损坏，大大降低塔式起重机的使用寿命。

（5）应当对塔式起重机经常进行检查、维护和保养，传动部分应有足够的润滑油，对易损件必须经常检查、及时维修或更换，对机构螺栓特别是经常振动的如塔身、附着等连接螺栓应经常进行检查，如有松动必须及时紧固或更换。

6.1.2 塔式起重机的维护保养分类

（1）日常维护保养，每班前后进行，由塔式起重机司机负责完成；

（2）月检查保养，一般每月进行一次，由塔式起重机司机和修理工负责完成；

（3）定期检修，一般每年或每次拆卸后安装前进行一次，由修理工负责完成；

（4）大修，一般运转不超过1.5万小时进行一次，由具有相应资质的单位完成。

6.1.3 塔式起重机的维护保养的内容

（1）日常维护保养

每班开始工作前，应当进行检查和维护保养，包括目测检查和功能测试，检查一般应包括以下内容：

1）机构运转情况，尤其是制动器的动作情况；

2）限制与指示装置的动作情况；

3）可见的明显缺陷，包括钢丝绳和钢结构。

检查维护保养具体内容和相应要求见表6-1，有严重情况的应当报告有关人员进行停用、维修或限制性使用等，检查和维护保养情况应当及时记入交接班记录。

日常例行维护保养的内容   表 6-1

序号	项目	要求
1	基础轨道	班前清除轨道或基础上的冰碴、积雪或垃圾,及时疏通排水沟,清除基础轨道积水,保证排水通畅
2	接地装置	检查接地连线与钢轨或塔式起重机十字梁的连接,应接触良好,埋入地下的接地装置和导线连接处无折断松动
3	行走限位开关和撞块	行走限位开关应动作灵敏、可靠,轨道两端撞块完好无移位
4	行走电缆及卷筒装置	电缆应无破损,清除拖拉电缆沿途存在的钢筋、铁丝等有损电缆胶皮的障碍物,电缆卷筒收放转动正常。无卡阻现象
5	电动机、变速箱、制动器、联轴器、安全罩的连接紧固螺栓	各机构的地脚螺栓,连接紧固螺栓、轴瓦固定螺栓不得松动,否则应及时紧固,更换添补损坏丢失的螺栓。回转支承工作 100 小时和 500 小时检查其预紧力矩,以后每 1000 小时检查一次
6	齿轮油箱、油质	检查行走、起升、回转、变幅齿轮箱及液压推杆器、液力联轴器的油量,不足要及时添加至规定液面,润滑油变质可提前更换,按润滑部位规定周期更换齿轮油,加注润滑脂
7	制动器	清除制动器闸瓦油污。制动器各连接紧固件无松旷,制动瓦张开间隙适当,带负荷制动有效,否则应紧固调整
8	钢丝绳排列和绳夹	卷筒端绳绳夹紧固牢靠无损伤,滑轮转动灵活,不脱槽、啃绳、卷筒钢丝绳排列整齐不错乱压绳
9	钢丝绳磨损	检查钢丝绳有无断丝变形,钢丝绳直径相对于公称直径减少 7% 或更多时应报废
10	吊钩及防脱装置	检查吊钩是否有裂纹、磨损,防脱装置是否变形、有效
11	紧固金属结构件的螺栓	检查底架、塔身、起重臂、平衡臂及各标准节的连接螺栓应紧固无松动,更换损坏螺栓、增补缺少的螺栓

续表

序号	项目	要求
12	供电电压情况	观察仪表盘电压指示是否符合规定要求,如电压过低或过高(一般不超过额定电压的±10%),应停机检查,待电压正常后再工作
13	察听传动机构	试运转,注意察听起升、回转、变幅、行走等机械的传动机构,应无异响或过大的噪声或碰撞现象,应无异常的冲击和振动,否则应停机检查,排除故障
14	电器有无缺相	运转中,听听各部位电器有无缺相声音,否则应停机排查
15	安全装置的可靠性	注意检查起重量限制器、力矩限制器、变幅限位器、行走限位器等安全装置应灵敏有效,驾驶室的控制显示是否正常,否则应及时报修排除
16	班后检查	清洁驾驶室及操作台灰尘,所有操作手柄应放在零位,拉下照明及室内外设备的开关,总开关箱要加锁,关好窗、锁好门,清洁电动机、减速器及传动机构外部的灰尘,油污
17	夹轨器	夹轨器爪与钢轨紧贴无间隙和松动,丝杠、销孔无弯曲、开裂,否则应报修排除

(2)月检查保养

每月进行一次,检查一般应包括以下内容:

1)润滑,油位、漏油、渗油;

2)液压装置,油位、漏油;

3)吊钩及防脱装置,可见的变形、裂纹、磨损;

4)钢丝绳;

5)结合及连接处,目测检查锈蚀情况;

6)连接螺栓,用专用扳手检查标准节连接螺栓松动时应特别注意接头处是否有裂纹;

7)销轴定位情况,尤其是臂架连接销轴;

8)接地电阻;

9）力矩与起重量限制器；

10）制动磨损，制动衬垫减薄、调整装置、噪声等；

11）液压软管；

12）电气安装；

13）基础及附着。

月检查维护保养具体内容和相应要求见表6-2，有严重情况的应当报告有关人员进行停用、维修或限制性使用等，检查和维护保养情况应当及时记入设备档案。

月检查保养内容　　　　　　　　　　表6-2

序号	项目	要求
1	日常维护保养	按日常检查保养项目，进行检查保养
2	接地电阻	接地线应连接可靠，用接地电阻测试仪测量电阻值不得超过4Ω
3	电动机滑环及碳刷	清除电动机滑环架及铜头灰尘，检查碳刷应接触均匀，弹簧压力松紧适宜（一般为0.2kg/cm²），如碳刷磨损超过1/2时应更换碳刷
4	电器元件配电箱	检查各部位电器元件，触点应无接触不良，线路接线应紧固，检查电阻箱内电阻的连接，应无松动
5	电动机接零和电线、电缆	各电动机接零紧固无松动，照明及各电器设备用电线、电缆应无破损、老化现象，否则应更换
6	轨道轨距平直度及两轨水平面	每根枕木道钉不得松动，枕木与钢轨之间应紧贴无下陷空隙，钢轨接头鱼尾板连接螺栓齐全，紧固螺栓合乎规定要求；轨道轨距允许误差不应大于公称值的1‰，且不宜超过±6mm；钢轨接头间隙不应大于4mm；接头处两轨顶高度差不应大于2mm；塔式起重机安装后，轨道顶面纵、横方向上的倾斜度，对于上回转塔式起重机应不大于3‰；对于下回转塔式起重机应不大于5‰；在轨道全程中，轨道顶面任意两点的高度差应不大于100mm

续表

序号	项 目	要 求
7	紧固钢丝绳绳夹	起重、变幅、平衡臂、拉索、小车牵引等钢丝绳两端的绳夹无损伤及松动，固定牢靠
8	润滑滑轮与钢丝绳	润滑起重、变幅、回转、小车牵引等钢丝绳穿绕的动滑轮、定滑轮、张紧滑轮、导向滑轮；每两个月润滑、浸涂钢丝绳
9	附着装置	附着装置的结构和连接是否牢固可靠
10	销轴定位	检查销轴定位情况，尤其是臂架连接销轴
11	液压元件及管路	检查液压泵、操作阀、平衡阀及管路，如有渗漏应排除，压力表损坏应更换，清洗液压滤清器

（3）定期检修

塔式起重机每年至少进行一次定期检查，每次安装前后按定期检查要求进行检查，安装后的检查对零部件功能测试应按载荷最不利位置进行，检查一般应包括以下内容：

1）应检查月检的全部内容；

2）核实塔式起重机的标志和标牌；

3）核实使用手册没有丢失；

4）核实保养记录；

5）核实组件、设备及钢结构；

6）根据设备表象判断老化状况：

①传动装置或其零部件松动、漏油；

②重要零件（如电动机、齿轮箱、制动器、卷筒）联结装置磨损或损坏；

③明显的异常噪声或振动；

④明显的异常温升；

⑤连接螺栓松动、裂纹或破损；

⑥制动衬垫磨损或损坏；
⑦可疑的锈蚀或污垢；
⑧电气安装处（电缆入口、电缆附属物）出现损坏；
⑨钢丝绳；
⑩吊钩。

7）额定载荷状态下的功能测试及运转情况：
①机械，尤其是制动器；
②限制与指示装置。

8）金属结构
①焊缝，尤其注意可疑的表面油漆龟裂；
②锈蚀；
③残余变形；
④裂缝。

9）基础与附着。

定期检修具体内容和相应要求见表6-3，有严重情况的应当报告有关人员进行停用、维修或限制性使用等，检查和维护保养情况应当及时记入设备档案。

定期检修内容　　表6-3

序号	项 目	要 求
1	月检查保养	按月检查保养项目，进行检查保养
2	核实塔式起重机资料、部件	核实塔式起重机的标志和标牌，检查核实塔式起重机档案资料是否齐全、有效；部件、配件和备用件是否齐全
3	制动器	塔式起重机各制动闸瓦与制动带片的铆钉头埋入深度小于0.5mm时，接触面积不应小于70%～80%，制动轮失圆或表面痕深大于0.5mm应光圆，制动器磨损，必要时拆检更换制动瓦（片）

续表

序号	项 目	要 求
4	减速齿轮箱	揭盖清洗各机构减速齿轮箱，检查齿面，如有断齿、啃齿、裂纹及表面剥落等情况，应拆检修复；检查齿轮轴键和轴承径向间隙，如轮键松旷、径向间隙超过0.2mm应修复，调整或更换轴承，轮轴弯曲超过0.2mm应校正；检查棘轮棘爪装置，排除轴端渗漏、更换齿轮油并加注至规定油面。生产厂有特殊要求的，按厂家说明书要求进行
5	开式齿轮啮合间隙、传动轴弯曲和轴瓦磨损	检查开式齿轮，啮合侧向间隙一般不超过齿轮模数的0.2～0.3，齿厚磨损不大于节圆理论齿厚的20%，轮键不得松旷，各轮轴变径倒角处无疲劳裂纹，轴的弯曲不超过0.2mm，滑动轴承径向间隙一般不超过0.4mm，如有问题应修理更换
6	滑轮组	滑轮槽壁如有破碎裂纹或槽壁磨损超过原厚度的20%，绳槽径向磨损超过钢丝绳直径的25%，滑轮轴颈磨损超过原轴颈的2%时，应更换滑轮及滑轮轴
7	行走轮	行走轮与轨道接触面如有严重龟裂、起层、表面剥落和凸凹沟槽现象，应修换
8	整机金属结构	对钢结构开焊、开裂、变形的部件进行更换；更换损坏、锈蚀的连接紧固螺栓；修换钢丝绳固定端已损伤的套环、绳卡和固定销轴
9	电动机	电动机转子、定子绝缘电阻在不低于0.5MΩ时，可在运行中干燥；铜头表面烧伤有毛刺应修磨平整，铜头云母片应低于铜头表面0.8～1mm；电动机轴弯曲超过0.2mm应校正；滚动轴承径向间隙超过0.15mm时应更换
10	电器元件和线路	对已损坏、失效的电器开关、仪表、电阻器、接触器以及绝缘不符合要求的导线进行修换

续表

序号	项 目	要 求
11	零部件及安全设施	配齐已丢失损坏的油嘴、油杯；增补已丢失损坏的弹簧垫、联轴器缓冲垫、开口销、安全罩等零部件；塔式起重机爬梯的护圈、平台、走道、踢脚板和栏杆如有损坏，应修理更换
12	防腐喷漆	对塔式起重机的金属结构，各传动机构进行除锈、防腐、喷漆
13	整机性能试验	检修及组装后，按要求进行静、动载荷试验，并试验各安全装置的可靠性，填写试验报告

（4）大修

塔式起重机经过一段长时间的运转后应进行大修，大修间隔最长不应超过15000小时。大修应按以下要求进行。

1）起重机的所有可拆零件应全部拆卸、清洗、修理或更换（生产厂有特殊要求的除外）；

2）应更换润滑油；

3）所有电动机应拆卸、解体、维修；

4）更换老化的电线和损坏的电气元件；

5）除锈、涂漆；

6）对拉臂架的钢丝绳或拉杆进行检查；

7）起重机上所用的仪表应按有关规定维修、校验、更换；

8）大修出厂时，塔式起重机应达到产品出厂时的工作性能，并应有监督检验证明。

（5）停用时的维护

对于长时间不使用的起重机，应当对塔式起重机各部位做好润滑、防腐、防雨处理后停放好，并每年做一次检查。

（6）润滑保养

为保证塔式起重机的正常工作，应经常检查塔式起重机各部位的润滑情况，做好周期润滑工作，按时添加或更换润滑剂。塔式起重机润滑部位及周期参照表 6-4（生产厂有特殊要求的，按厂家说明书要求）进行。

塔式起重机润滑部位及周期　　　　　　表 6-4

序号	润滑部位名称	润滑油种类	润滑方法
1	起升机构制动器	＋40～＋20℃：20 号机械油 443-64 ＋20～0℃：10 号变压器油 SYBB51-62 0～－15℃：25 号变压器油 SYB1351-62 －15～－30℃仪表油 GB 487—65 低于－30℃：酒精及甘油混合体	每工作 56 小时用油壶加油
2	起升机构变速箱	冬季：HL15 齿轮油 夏季：HL20 齿轮油	新减速机在运转 200～300 小时后，应进行第一次换油，之后每运行 5000 小时应更换新油
3	所有滚动轴承（除电机内轴承）	ZGⅢ钙基润滑脂	每工作 160 小时适当加油，每半年清除一次
4	全部电机轴承	冬季：ZG-Ⅱ钙基润滑脂 夏季：ZG-Ⅴ钙基润滑脂	每工作 1500 小时换油一次
5	全部钢丝绳	石墨润滑脂	每大、中修时油煮
6	所有滑轮（包括塔顶滑轮）	冬季：ZG-Ⅱ钙基润滑脂 夏季：ZG-Ⅴ钙基润滑脂	每班加油

续表

序号	润滑部位名称	润滑油种类	润滑方法
7	小车牵引机构减速机，回转机构行星机构减速机	锂基润滑脂	初运行两个月加注一次润滑脂，以后根据使用情况3～4个月加注一次
8	回转机构开式齿轮，外齿圈上下坐圈跑道	冬季：Ⅱ钙基脂 夏季：Ⅴ钙基脂	每工作56小时涂抹和压注一次
9	液压油箱	夏季：YB-N32 或 N46 液压油 冬季：YB-N22 液压油	塔式起重机拆装一次检查油液情况，必要时更换新油

6.2 塔式起重机常见故障的判断及处置

塔式起重机在使用过程中发生故障的原因很多，主要是因为工作环境恶劣，维护保养不及时，操作人员违章作业，零部件的自然磨损等多方面原因。塔式起重机发生异常时，操作人员应立即停止操作，及时向有关部门报告，以便及时处理，消除隐患，恢复正常工作。

塔式起重机常见的故障一般分为机械故障和电气故障两大类。由于机械零部件磨损、变形、断裂、卡塞，润滑不良以及相对位置不正确等而造成机械系统不能正常运行，统称为机械故障。由于电气线路、元器件、电气设备，以及电源系统等发生故障，造成用电系统不能正常运行，统称为电气故障。机械故障一般比较明显、直观，容易判断，在塔式起重机运行中，比较常见；电气故障相对来说比较多，有的故障比较直观，容易判断，有的故障比较隐蔽，难以判断。

6.2.1 机械故障的判断及处置

塔式起重机机械故障的判断和处置方法按照其工作机构、液压系统、金属结构和主要零部件分类叙述。

（1）工作机构

1）起升机构

起升机构故障的判断和处置方法见表6-5。

起升机构故障的判断和处置方法　　　　　表 6-5

故障现象	故　障　原　因		处　置　方　法
卷扬机构声音异常	接触器缺相或损坏		更换接触器
	减速机齿轮磨损、啮合不良、轴承破损		更换齿轮或轴承
	联轴器连接松动或弹性套磨损		紧固螺栓或更换弹性套
	制动器损坏或调整不当		更换或调整刹车
	电动机故障		排除电气故障
吊物下滑（溜钩）	制动器刹车片间隙调整不当		调整间隙
	制动器刹车片磨损严重或有油污		更换刹车片，清除油污
	制动器推杆行程不到位		调整行程
	电动机输出转矩不够		检查电源电压
	离合器片破损		更换离合器片
制动副脱不开	闸瓦式	制动器液压泵电动机损坏	更换电动机
		制动器液压泵损坏	更换
		制动器液压推杆锈蚀	修复
		机构间隙调整不当	调整机构的间隙
		制动器液压泵油液变质	更换新油

续表

故障现象	故障原因		处置方法
制动副脱不开	盘式	间隙调整不当	调整间隙
		刹车线圈电压不正常	检查线路电压
		离合器片破损	更换离合器片
		刹车线圈损坏或烧毁	更换线圈

2）回转机构

回转机构故障的判断和处置方法见表6-6。

回转机构故障的判断和处置方法 表6-6

故障现象	故障原因	处置方法
回转电动机有异响，回转无力	液力耦合器漏油或油量不足	检查安全易熔塞是否熔化，橡胶密封件是否老化等按规定填充油液
	液力耦合器损坏	更换液力耦合器
	减速机齿轮或轴承破损	更换损坏齿轮或轴承
	液力耦合器与电动机连接的胶垫破损	更换胶垫
	电动机故障	查找电气故障
回转支承有异响	大齿圈润滑不良	加油润滑
	大齿圈与小齿轮啮合间隙不当	调整间隙
	滚动体或隔离块损坏	更换损坏部件
	滚道面点蚀、剥落	修整滚道
	高强螺栓预紧力不一致，差别较大	调整预紧力
臂架和塔身扭摆严重	减速机故障	检修减速机
	液力耦合器充油量过大	按说明书加注
	齿轮啮合或回转支承不良	修整

3）变幅机构

变幅机构故障的判断和处置方法见表6-7。

变幅机构故障的判断和处置方法　　　表 6-7

故障现象	故障原因	处置方法
变幅有异响	减速机齿轮或轴承破损	更换
	减速机缺油	查明原因，检修加油
	钢丝绳过紧	调整钢丝绳松紧度
	联轴器弹性套磨损	更换
	电动机故障	查找电气故障
	小车滚轮轴承或滑轮破损	更换轴承
变幅小车滑行和抖动	钢丝绳未张紧	重新适度张紧
	滚轮轴承润滑不好，运动偏心	修复
	轴承损坏	更换
	制动器损坏	经常加以检查，修复更换
	联轴器连接不良	调整、更换
	电动机故障	查找电气故障

4）行走机构

行走机构故障的判断和处置方法见表 6-8。

行走机构故障的判断和处置方法　　　表 6-8

故障现象	故障原因	处置方法
运行时啃轨严重	轨距铺设不符合要求	按规定误差调整轨距
	钢轨规格不匹配，轨道不平直	按标准选择钢轨，调整轨道
	台车框轴转动不灵活，轴承润滑不好	经常润滑
	台车电动机不同步	选择同型号电动机，保持转速一致
驱动困难	啃轨严重，阻力较大，轨道坡度较大	重新校准轨道
	轴套磨损严重，轴承破损	更换
	电动机故障	查找电气故障
停止时晃动过大	延时制动失效，制动器调整不当	调整

（2）液压系统

液压系统故障的判断和处置方法见表 6-9。

液压系统故障的判断和处置方法　　　　表 6-9

故障现象	故 障 原 因	处 置 方 法
顶升时颤动及噪声大	液压系统中混有空气	排气
	油泵吸空	加油
	机械机构、液压缸零件配合过紧	检修，更换
	系统中内漏或油封损坏	检修或更换油封
	液压油变质	更换液压油
带载后液压缸下降	双向液压锁或节流阀不工作	检修，更换
	液压缸泄漏	检修，更换密封圈
	管路或接头漏油	检查，排除，更换
带载后液压缸停止升降	双向液压锁或节流阀失灵	检修，更换
	与其他机械机构有挂、卡现象	检查，排除
	手动液控阀或溢流阀损坏	检查，更换
顶升缓慢	单向阀流量调整不当或失灵	调整检修或更换
	油箱液位低	加油
	液压泵内漏	检修
	手动换向阀换向不到位或阀泄漏	检修，更换
	液压缸泄漏	检修，更换密封圈或油封
	液压管路泄漏	检修，更换
	油温过高	停止作业，冷却系统
	油液杂质较多，滤油网堵塞，影响吸油	清洗滤网，清洁液压油或更换新油
顶升无力或不能顶升	油箱存油过低	加油
	液压泵反转或效率下降	调整，检修
	溢流阀卡死或弹簧断裂	检修，更换
	手动换向阀换向不到位	检修，更换
	油管破损或漏油	检修，更换
	滤油器堵塞	清洗，更换
	溢流阀调整压力过低	调整溢流阀
	液压油进水或变质	更换液压油
	液压系统排气不完全	排气
	其他机构干涉	检查，排除

(3) 金属结构

金属结构故障的判断和处置方法见表6-10。

金属结构故障的判断和处置方法 表6-10

故障现象	故 障 原 因	处 置 方 法
焊缝和母材开裂	超载严重,工作过于频繁产生比较大的疲劳应力,焊接不当或钢材存在缺陷等	严禁超负荷运行,经常检查焊缝,更换损坏的结构件
构件变形	密封构件内有积水,严重超载,运输吊装时发生碰撞,安装拆卸方法不当	要经过校正后才能使用;但对受力结构件,禁止校正,必须更换
高强度螺栓连接松动	预紧力不够	定期检查,紧固
销轴退出脱落	开口销未打开	检查,打开开口销

(4) 钢丝绳、滑轮

钢丝绳、滑轮故障的判断和处置方法见表6-11。

钢丝绳、滑轮故障的判断和处置方法 表6-11

故障现象	故 障 原 因	处 置 方 法
钢丝绳磨损太快	钢丝绳滑轮磨损严重或者无法转动	检修或更换滑轮
	滑轮绳槽与钢丝绳直径不匹配	调整使之匹配
	钢丝绳穿绕不准确、啃绳	重新穿绕、调整钢丝绳
钢丝绳经常脱槽	滑轮偏斜或移位	调整滑轮安装位置
	钢丝绳与滑轮不匹配	更换合适的钢丝绳或滑轮
	防脱装置不起作用	检修钢丝绳防脱装置
滑轮不转及松动	滑轮缺少润滑,轴承损坏	经常保持润滑,更换损坏的轴承

6.2.2 电气故障的判断及处置

塔式起重机电气系统故障的判断和处置方法见表6-12。

电气系统故障的判断和处置方法　　　　表6-12

故障现象	故 障 原 因	处 置 方 法
电动机不运转	缺相	查明原因
	过电流继电器动作	查明原因，调整过电流整定值，复位
	空气断路器动作	查明原因，复位
	定子回路断路	检查拆修电动机
电动机有异响	相间轻微短路或转子回路缺相	查明原因，正确接线
	电动机轴承破损	更换轴承
	转子回路的串接电阻断开、接地	更换或修复电阻
	转子碳刷接触不良	更换碳刷
电动机温升过高	电动机转子回路有轻微短路故障	测量转子回路电流是否平衡，检查和调整电气控制系统
	电源电压低于额定值	暂停工作
	电动机冷却风扇损坏	修复风扇
	电动机通风不良	改善通风条件
	电动机转子缺相运行	查明原因，接好电源
	定子、转子间隙过小	调整定子、转子间隙
电动机烧毁	操作不当，低速运行时间较长	缩短低速运行时间
	电动机修理次数过多，造成电动机定子铁芯损坏	予以报废
	绕线式电动机转子串接电阻断路、短路、接地，造成转子烧毁	修复串接电阻
	电压过高或过低	检查供电电压
	转子运转失衡，碰擦定子（扫膛）	更换转子轴承或修复轴承室
	主回路电气元件损坏或线路短路、断路	检查修复
电动机输出功率不足	线路电压过低	暂停工作
	电动机缺相	查明原因，正确接线
	制动器没有完全松开	调整制动器
	转子回路断路、短路、接地	检修转子回路

续表

故障现象	故障原因	处置方法
按下启动按钮，主接触器不吸合	工作电源未接通	检查塔式起重机电源开关箱，接通
	电压过低	暂停工作
	过电流继电器辅助触头断开	查明原因，复位
	主接触器线圈烧坏	更换主接触器
	操作手柄不在零位	将操作手柄归零
	主启动控制线路断路	排查主启动控制线路
	启动按钮损坏	更换启动按钮
启动后，控制线路开关断开	控制回路线路短路、接地	排查控制回路线路
接触器噪声大	衔铁芯表面积尘	清除表面污物
	短路环损坏	更换修复
	主触点接触不良	修复或更换
	电源电压较低，吸力不足	测量电压，暂停工作
吊钩只下降不上升	起重量、高度、力矩限位误动作	更换、修复或重新调整各限位装置
	起升控制线路断路	排查起升控制线路
	接触器损坏	更换接触器
吊钩只上升不下降	下降控制线路断路	排查下降控制线路
	接触器损坏	更换接触器
回转只朝同一方向动作	回转限位误动作	重新调整回转限位
	回转线路断路	排查回转线路
	回转接触器损坏	更换接触器
变幅只向后不向前	力矩限位、重量限位、变幅限位误动作	更换、修复或重新调整各限位装置
	变幅向前控制线路断路	排查变幅向前控制线路
	变幅接触器损坏	更换接触器
变幅只向前不向后	变幅向后控制线路断路	排查变幅向后控制线路
	变幅接触器损坏	更换接触器

续表

故障现象	故障原因	处置方法
带涡流制动器的电机低速挡速度变快	整流器击穿	更换整流器
	涡流线圈烧坏	更换或修复线圈
	线路故障	检查修复
塔式起重机工作时经常跳闸	漏电保护器误动作	检查漏电保护器
	线路短路、接地	排查线路,修复
	工作电源电压过低或压降较大	测量电压,暂停工作

7 塔式起重机常见事故与案例

7.1 塔式起重机常见事故

7.1.1 塔式起重机常见的事故类型

多年来，尽管发生的塔式起重机事故成百上千起，造成的伤害也不尽相同，但仔细加以归纳总结，按塔式起重机本身的损坏情况，塔式起重机事故大致可分为以下几种类型：

(1) 倾翻事故，指塔身整体倾倒或塔式起重机起重臂、平衡臂和塔帽倾翻坠地等事故。

(2) 断（折）臂事故，指塔式起重机起重臂或平衡臂折弯、严重变形或断裂等事故。

(3) 脱、断钩事故，指起重吊具从吊钩脱出或吊钩脱落、断裂等事故。

(4) 断绳事故，指起升、变幅钢丝绳破断等事故。

在塔式起重机安装、使用和拆卸过程中，还经常发生安装、拆卸及维修人员从塔身、臂架等高处坠落的事故；吊物散落发生物体打击事故；吊物或起重钢丝绳等碰触外电线路发生触电事故；塔式起重机臂架碰撞、挤压发生起重伤害事故等。

7.1.2 塔式起重机事故的主要原因

(1) 超载使用

超载作业,在力矩限制器失效的情况下,极易引发事故。此类事故较多,损害也较大。力矩限制器是塔式起重机最关键的安全装置,力矩限制器的损坏、恶意调整、调整不当或失灵等均能造成力矩限位失效。因施工现场工况复杂,应定期保养、校核,不能擅自调整,严禁拆除。

(2) 违规安装、拆卸

1) 安装人员未经培训、无证上岗;

2) 安装拆卸前未进行安全技术交底,作业人员未按照安装、拆卸工艺流程拆装;

3) 临时组织拆装队伍,工种不配套,多人作业配合不默契、不协调;

4) 违章指挥;

5) 安装现场无专人监护。

(3) 基础不符合要求

1) 未按说明书要求进行地基承载力测试,因地基承载力不够造成塔式起重机倾翻;

2) 未按说明书要求施工,地基太小不能满足塔式起重机各种工况的稳定性;

3) 地脚螺栓断裂引发塔式起重机倾翻;

4) 基础尺寸、混凝土强度不符合设计要求;

5) 基础压重不足。

(4) 附着达不到要求

1) 超过独立高度没有安装附着;

2) 附着点以上塔式起重机最大悬高超出说明书要求;

3) 附着杆、附着间距不符合说明书要求；

4) 擅自使用非原厂生产制造的不合格附墙装置；

5) 附着装置的联结、固定不牢。

（5）塔式起重机位置不当

1) 塔式起重机安装位置不当，多台塔式起重机之间或与周边建筑物相互干涉，造成钢结构相互碰撞变形；

2) 与外电线路安全距离不足；

3) 与边坡外沿距离不足，造成基础不稳固；

4) 施工组织不合理，顶升滞后，高度不足，与在建工程和脚手架等临时设施碰撞。

（6）钢结构疲劳

塔式起重机使用多年，钢结构及焊缝易产生疲劳、裂纹引发事故。易发生疲劳的部位主要有：

1) 基础节与底梁的连接处；

2) 斜撑杆与标准节的连接处；

3) 塔身变截面处；

4) 回转支承的上下支座；

5) 回转塔架。

（7）销轴脱落

1) 销轴窜动剪断开口销引发销轴脱落；

2) 安装时未装压板或开口销，或用钢丝代替开口销；

3) 轴端挡板紧固螺栓不用弹簧垫或紧固不牢长期振动而脱落，压板不起作用导致销轴脱落；

4) 臂架接头处三角挡板因多次拆卸发生变形或开焊，导致臂架销轴脱落。

（8）钢丝绳断裂

1) 钢丝绳断丝、断股超过规定标准；

2) 未设置滑轮防脱绳装置或装置损坏，钢丝绳脱槽被挤断；

3）高度限位失效，吊钩碰小车横梁拉断钢丝绳；

4）重量限制器失效，超载起吊。

（9）高强螺栓达不到要求

1）连接螺栓松动；

2）未按照规定使用高强度螺栓；

3）连接螺栓缺少垫圈；

4）螺栓、螺母损伤、变形。

（10）其他安全装置失效

如制动器、重量限制器、高度限位、回转限位、变幅限位、大车行走限位等损坏、拆除或失灵。

7.2 事故预防措施

7.2.1 塔式起重机购置租赁

在购买或租赁塔式起重机时，用户要从长远利益出发，兼顾产品质量与成本，不走入低价购置、租赁的误区，要选择具有生产许可证等证件齐全的正规厂家生产的合格产品，材料、元器件符合设计要求，各种限位、保险等安全装置齐全有效，设备完好，性能优良，不得购置、租赁国家淘汰、存在严重事故隐患以及不符合国家技术标准或检验不合格的产品。

7.2.2 塔式起重机拆装队伍选用

塔式起重机的安装、拆卸必须由具备起重设备安装工程专业承包资质、取得安全生产许可证的专业队伍施工，作业人员应相对固定，工种应匹配，作业中应遵守纪律、服从指挥、配合默契，严格遵守操作规程；辅助起重设备、机具应配备齐全，性能可靠；在拆装现场应服从施工总承包单位、建设、监理单位的管理。

7.2.3　作业人员培训考核

严格特种作业人员资格管理，塔式起重机的安装拆卸工、塔式起重机司机、起重司索信号工等特种作业人员必须接受专门的安全操作知识培训，经建设主管部门考核合格，取得《建筑施工特种作业操作资格证书》，每年还应参加安全生产教育。

首次取得证书的人员实习操作不得少于三个月，实习操作期间，用人单位应当指定专人指导和监督作业。指导人员应当从取得相应特种作业资格证书并从事相关工作3年以上、无不良记录的熟练工中选择。实习操作期满，经用人单位考核合格，方可独立作业。

7.2.4　技术管理

（1）塔式起重机在安装拆卸前，必须制定安全专项施工方案，并按照规定程序进行审核审批，确保方案的可行性。

（2）安装队伍技术人员要对拆装作业人员进行详细的安全技术交底，作业时工程监理单位应当旁站监理，确保安全专项施工方案得到有效执行。

（3）技术人员应根据工程实际情况和设备性能状况对塔式起重机司机进行安全技术交底。

（4）塔式起重机司机应遵守劳动纪律，听从指挥、严格按照操作规程操作，认真履行交接班制度，做好塔式起重机的日常检查和维护保养工作。

7.2.5 检查验收

（1）塔式起重机在安装后，安装单位应当按照规定的内容对塔式起重机进行严格的自检，并出具自检报告。

（2）自检合格后，使用单位应当委托具有相应资质的检测检验单位对塔式起重机进行检验。

（3）塔式起重机使用前，施工总承包单位应当组织使用、安装、出租和工程监理等单位进行共同验收，合格后方可投入使用。

（4）使用期间，有关单位应当按照规定的时间、项目和要求做好塔式起重机的检查和日常、定期维护保养，尤其要注重对限位保险装置、螺栓紧固、销轴连接、钢丝绳、吊钩等部位的检查和维修保养，确保使用安全。

7.3 事故案例分析

7.3.1 塔式起重机超载倾斜事故案例

2002年某日，某建筑工地一台QTZ63自升式塔式起重机在吊运钢管时塔身变形歪斜。该塔式起重机起重臂长46m，塔身已升至90m高，装有6道附着装置，最高一道附着装置距起重臂杆铰点22m。经勘查，最高一道附着装置的一根附着杆调节丝杆和连接耳板被扭弯，造成附着框梁上方的塔身严重歪向建筑物，塔顶位置偏离中心垂线达0.9m。当时塔式起重机的作业任务是将建筑物楼顶的钢管吊运至12层的裙房屋面上,起吊点在起重臂12m处,起吊钢管重量估算在3000kg,当小车向前行至起重臂38m处时,塔式起重机发生倾斜变形。

通过对事故现场勘察取证及检测分析,这起事故主要是因塔式起重机超载所引起的,事故主要原因是:

(1)超载起吊。该塔式起重机的起重特性表上表明,吊3000kg重物时,幅度应控制在25m之内;吊至38m处,重量应控制在1841kg,而当时吊运钢管重量达到3000kg,超载62%。

(2)维修保养不到位。经检查起重力矩限位器失效。在正常情况下,超载时起重力矩限位器应该起保护作用,应切断吊钩向上、小车向外变幅的电源。

(3)施工单位擅自制造、使用塔式起重机附着装置。经检验,附着杆的调节丝杆的制作、热处理有缺陷,达不到应有的强度;耳板的制作、焊接质量也有缺陷。在超载时,耳板先发生塑变,致使调节丝杆弯曲,继而导致塔身倾斜。

7.3.2 起重钢丝绳断裂事故案例

2003年某日,某工地使用一台QTZ80自升式塔式起重机吊运混凝土,当料斗上升至30m左右时,钢丝绳突然断裂,料斗坠落。此时,下方正有两位民工在装砂,其中一人听见旁边有人惊呼,迅速躲闪,另一人躲闪不及被料斗砸中,经抢救无效死亡。

经勘查,装在塔帽上的导向滑轮断裂破损,钢丝绳被破碎的滑轮割断,导致料斗坠落,是造成事故的直接原因。

经分析,造成该事故的主要原因有:

(1)导向滑轮有严重的质量问题。该滑轮为铸钢滑轮,经检验,不但有砂眼、空洞多,而且强度不够,是滑轮被钢丝绳严重磨损断裂的重要原因之一。

（2）塔式起重机存在制造质量问题。滑轮轴不垂直，使钢丝绳在滑轮上产生侧偏磨损，造成滑轮磨损成两半，进而使钢丝绳卡在断裂滑轮的锐刃上，切断钢丝绳。

（3）塔式起重机司机和检修工没有按规定进行日检、月检。若早日发现滑轮磨损超标而及时更换，就不会发生此次重大事故。

7.3.3 起重臂脱落事故案例

2005年某日，某建筑工地使用一台QTZ25自升式塔式起重机进行吊运模板作业，吊运已到位，正当下落就位时，起重臂突然脱落坠地，模板砸在四楼脚手板上，将站在脚手板另一端的一民工弹起摔到地面，经抢救无效死亡。

经勘查，造成事故的直接原因是，距起重臂根部10m处的一根下弦连接销退出后使起重臂脱落。

经分析，造成该事故的主要原因有：

（1）固定卡板的螺栓脱落。起重臂的一根连接销轴，由于固定压板的一根螺栓未安装弹簧垫而紧固不牢，长期振动而脱落，压板旋转不起作用，致使连接销轴脱落。

（2）交接班司机未履行职责。上一班的塔式起重机司机检查时发现销子外退，将销子敲回去但没有固定好压板，交接班时未交待此事；接班司机接班时也未检查到位，未发现压板存在问题。

7.3.4 违章使用塔式起重机倾翻事故案例

2004年某日，某建筑工地一工长将旁边一台QTZ80塔式起重机用的混凝土料斗借来用在 QTZ25 塔式起重机上使用,项目经理安排一名民工负责塔式起重机吊运指挥与挂钩。开始时,每次民工在料斗内只装一罐混凝土(350 型搅拌机,一罐混凝土 0.35m³,约 800kg 左右,加上料斗重量约 1100kg,在 25m 范围内还可以起吊)。之后,该民工在料斗中一次装了两罐混凝土,塔式起重机起吊后回转,塔式起重机严重摇晃,使塔身弯曲,导致塔式起重机倾翻,砸在在建建筑物上,致使 3 名正在作业的民工一死二伤。

经勘查分析,这是一起严重违章指挥、超载作业导致的伤亡事故。

(1) 项目经理违章指挥,安排未取得特种作业操作证书的民工指挥塔式起重机作业;该民工未经专门的安全操作培训,不懂塔式起重机性能。

(2) 该塔式起重机维护保养不到位,力矩限制器失效,超载时未能发出警报,有效切断吊钩上升电源。

(3) 工地工长借用 QTZ80 塔式起重机的大料斗来装吊混凝土,未对司索指挥人员进行交底。

(4) 塔式起重机司机违反安全操作规程,在没有专人指挥的情况下操作塔式起重机,超载作业。

7.3.5 违规安装塔式起重机倾翻事故案例

2008 年某日晚上,某工地上发生了一起 QTZ63 塔式起重机在安装过程中倾覆的重大事故。

该塔式起重机于当日上午开始进行安装,18 时,塔身升高到 12m,开始安装平衡臂及配重。20 时,4 名安装工在平衡臂尾端作业,第 2 块配重刚安装完毕,当准备安装第 3 块配重时,该塔式起重机突然从回转机构与顶升套架连接处折断,塔顶、平衡臂、配重、拉杆及 4 名安装工同时坠落，造成设备损坏，2 名安装工当场死亡，另外 2 名安装工重伤。

这是一起典型的违反操作程序，酿成的生产安全事故。经事故调查组勘查分析，事故发生的主要原因是：

（1）严重违反安装程序

1）按照该塔式起重机的安装程序，必须在用 16 套 M18 螺栓将下支座与顶升套架连接好、再用 8 套 M30 高强度螺栓将下支座与标准节连接好后，才能吊装平衡臂、起重臂及配重。而事故发生时，该塔式起重机处于顶升状态，下支座与标准节之间没有用 M30 高强度螺栓连接上，从平衡臂传来的倾翻力矩全部集中在连接下支座与顶升套架的 16 套 M18 非高强度螺栓上。

2）按照该塔式起重机的安装程序，吊装配重应在安装好平衡臂和起重臂后才能进行。而事故发生时，起重臂尚未安装，就开始吊装配重。这样，配重对塔身产生了巨大的倾翻力矩，使得连接下支座与顶升套架的 16 套 M18 螺栓承受着很大的轴向拉力。由于连接下支座与顶升套架的 16 套 M18 非高强度螺栓承受着由平衡臂和配重传来的巨大轴向拉力，并达到了其破坏强度，导致了这些螺栓中有的螺栓螺纹被扫平，有的螺栓被拉断，继而引起该塔式起重机下支座以上部分坠落。

（2）安装单位无资质、安装人员无证上岗

该塔式起重机的安装单位没有取得起重机械安装专业承包资质，安装人员没有特种作业人员操作资格证书。

（3）未履行安装告知手续

该塔式起重机安装前，没有按照《建筑起重机械管理规定》（建设部令第 166 号）有关规定到工程所在地建设主管部门备案，属于严重违规安装。

7.3.6 违章斜吊作业事故案例

1998年某日,某建筑工地在使用QTZ25塔式起重机吊运混凝土,起重臂回转不到位时,即斜拉起吊离起吊垂直线约2m的混凝土料斗,料斗被缓慢向前拖动,此时起重指挥邵某正背朝塔式起重机,与他人讲话,司索工马某见状大叫闪开,塔式起重机制动不及,料斗撞向邵某,信号工邵某躲闪不及被撞击倒地,不治身亡。

这是一起典型的歪拉斜吊违章作业事故。事故的主要原因是:

(1) 塔式起重机司机严重违章作业,歪拉斜吊;
(2) 起重指挥邵某严重违反劳动纪律,玩忽职守;
(3) 司索工马某无证司索作业。

7.3.7 违规使用塔式起重机触电事故案例

2002年某日,某建筑工地用一台QTZ40塔式起重机吊运一架金属长梯,距地面22.5m高处有一组66kV高压输电线路。现场作业人员有4名:现场负责人甲、现场吊装作业指挥人员乙、司索丙和塔式起重机司机丁。当指挥作业人员乙指挥吊装司索人员丙用吊装绳捆绑锁住金属长梯中间部分,乙指挥丁开始起吊,此时长梯有些摇晃摆动,丙用手扶住长梯一端来减缓长梯的摆动,然后乙又指挥丁操作塔式起重机吊着长梯向左回转以便放置到架设长梯的位置上,正当长梯随起重机臂回转时,丙突然倒地。此时发现塔式起重机起升钢丝绳与高压线相触及,造成丙触电身亡。

经分析,该事故的主要原因有以下几点:

（1）毗邻施工现场的高压线路未按规定进行防护；

（2）塔式起重机安装后，未按规定进行验收，擅自投入使用；

（3）违章指挥、违章作业；

（4）被害者丙等作业人员在高压线下方作业，缺乏应有的安全知识和自我保护意识。

附 录 A
塔式起重机安装自检记录

安装单位_____

工程名称		工程地址	
设备编号		出厂日期	
塔式起重机型号		生产厂家	
安装高度		安装日期	

序号	检查项目	标准要求	检验结果
1	金属结构	主要结构件无可见裂纹和明显变形	
		主要连接螺栓齐全，规格和预紧力达到说明书要求	
		主要连接销轴符合出厂要求，连接可靠	
		过道、平台、栏杆、踏板应牢靠、无缺损，无严重锈蚀，栏杆高度≥1m	
		梯子踏板牢固、有防滑性能；距地面≥2m 应设护圈，不中断；≤12.5m 设第一个休息平台，后每隔 10m 内设置一个	
		附着装置设置位置和附着距离符合方案规定，结构形式正确，附墙与建筑物连接牢固	
		附着杆无明显变形，焊缝无裂纹	
		平衡状态塔身轴线对支承面垂直度误差≤4/1000	
		水平起重臂水平偏斜度≤1/1000	
2	顶升与回转	应设平衡阀或液压锁，且与油缸用硬管连接	
		无中央集电环时应设置回转限位，回转部分在非工作状态下应能自由旋转，不得设置止挡器	

续表

序号	检查项目	标准要求	检验结果
3	吊钩	防脱保险装置应完整可靠	
		钩体无补焊、裂纹,危险截面和钩筋无塑性变形	
4	起升机构	滑轮防钢丝绳跳槽装置应完整、可靠,与滑轮最外缘的间隙≤钢丝绳直径的5%	
		力矩限制器灵敏可靠,限制值小于额定载荷110%,显示误差≤5%	
		起升高度限位动臂变幅式≥0.8m;小车变幅上回转2倍率≥1m,4倍率≥0.7m;小车变幅下回转2倍率≥0.8m,4倍率≥0.4m	
		起重量限制器灵敏可靠,限制值小于额定载荷110%,显示误差≤5%	
5	变幅机构	小车断绳保护装置双向均应设置	
		小车变幅检修挂篮连接可靠	
		小车变幅有双向行程限位、终端止挡装置和缓冲装置,行程限位动作后小车距止挡装置≥0.2m	
		动臂变幅有最大和最小幅度限位器,限制范围符合说明书要求;防止臂架反弹后翻的装置实质上固定可靠	
6	运行机构	运行机构应保证起动制动平稳	
		在未装配塔身及压重时,任意一个车轮与轨道的支承点对其他车轮与轨道的支撑点组成的平面的偏移不得超过轴距公称值的1/1000	
7	钢丝绳和传动系统	卷筒无破损,卷筒两侧凸缘的高度超过外层钢丝绳两倍直径,在绳筒上最少余留圈数≥3圈,钢丝绳排列整齐	
		滑轮无破损,裂纹	
		钢丝绳端部固定符合说明书规定	
		钢丝绳实测直径相对于公称直径减小7%或更多时	
		钢丝绳在规定长度内断丝数达到报废标准的,应报废	

续表

序号	检查项目	标准要求	检验结果
7	钢丝绳和传动系统	出现波浪形时，在钢丝绳长度不超过 $25d$ 范围内，若波形幅度值达到 $4d/3$ 或以上，则钢丝绳应报废	
		笼状畸变、绳股挤出或钢丝挤出变形严重的钢丝绳应报废	
		钢丝绳出现严重的扭结、压扁和弯折现象应报废	
		绳径局部增大通常与绳芯畸变有关，绳径局部严重增大应报废；绳径局部减小常常与绳芯的断裂有关，绳径局部严重减小也应报废	
		滑轮及卷筒均应安装钢丝绳防脱装置，装置完整、可靠，与滑轮或卷筒最外缘的间隙≤钢丝绳直径的20%	
		钢丝绳穿绕正确，润滑良好，无干涉	
		起升、回转、变幅、行走机构都应配备制动器，工作正常	
		传动装置应固定牢固，运行平稳	
		传动外露部分应设防护罩	
		电气系统对地的绝缘电阻不小于 $0.5MΩ$	
		接地电阻应不大于 $4Ω$	
		塔式起重机应单独设置并有警示标志的开关箱	
		保护零线不得作为载流回路	
		应具备、完好电路短路缺相、过流保护	
		电源电缆与电缆无破损，老化。与金属接触处有绝缘材料隔离，移动电缆有电缆卷筒或其他防止磨损措施	
		塔顶高度大于 30m，且高于周围建筑物时应安装红色障碍指示灯，该指示灯的供电不应受停机的影响	
		臂架根部铰点高于 50m 应设风速仪	

续表

序号	检查项目	标准要求	检验结果
8	轨道及基础	行走轨道端部止挡装置与缓冲设置齐全、有效	
		行走限位制停后距止挡装置≥1m	
		防风夹轨器有效	
		清轨板与轨道之间的间隙不应大于5mm	
		支承在道木或路基箱上,钢轨接头位置两侧错开≥1.5m;间隙≤4mm,高差≤2mm	
		轨距误差<1/1000且最大应<6mm;相邻两根间距≤6m	
		排水沟等设施畅通,路基无积水	
9	司机室	性能标牌齐全,清晰	
		门窗和灭火器、雨刷等附属设施齐全,有效	
10	平衡重、压重	安装准确,牢固可靠	

自检结论:

自检人员: 　　　　　　　　　　单位或项目技术负责人:

　　　　　　　　　　　　　　　　　　年　月　日

附录 B
塔式起重机载荷试验记录表

工程名称			设备编号		
塔式起重机型号			安装高度		
载荷	试验工况	循环次数	检验结果		结论
空载试验	运转情况				
	操纵情况				
额定起重量	最小幅度最大起重量				
	最大幅度额定起重量				
	任一幅度处额定起重量				

试验组长： 电　　工：

试验技术负责人： 操作人员：

试验日期：

附 录 C
塔式起重机综合验收表

使用单位		塔式起重机型号	
设备所属单位		设备编号	
工程名称		安装日期	
安装单位		安装高度	
检验项目	检查内容		检验结果
技术资料	制造许可证、产品合格证、制造监督检验证明、产权备案证明齐全、有效		
	安装单位的相应资质、安全生产许可证及特种作业岗位证书齐全、有效		
	安装方案、安全交底记录齐全有效		
	隐蔽工程验收记录和混凝土强度报告齐全有效		
	塔式起重机安装前零部件的验收记录齐全有效		
标识与环境	产品铭牌和产权备案标识齐全		
	塔式起重机尾部与建筑物及施工设施之间的距离不小于 0.6m 两台塔式起重机水平与垂直方向距离不小于 2m 与输电线的距离符合《塔式起重机安全操作规程》GB 5144—2006 的规定		
自检情况	自检记录齐全有效		
监督检验情况	监督检验报告有效		

续表

检验项目	检查内容	检验结果
安装单位验收意见： 技术负责人签章：　　日期：	使用单位验收意见： 项目技术负责人签章： 　　　　　　　　　日期：	
监理单位验收意见： 项目总监签章：　　日期：	总承包单位验收意见： 项目技术负责人签章： 　　　　　　　　　日期：	

附 录 D
(资料性附录)
风力等级、风速与风压对照表

表 D-1

风级	风名	风速（m/s）	风压（$10N/m^2$）	风 的 特 性
0	无风	0～0.2	0～0.025	静，烟直上
1	软风	0.3～1.5	0.056～0.14	人能辨别风向，但风标不能转动
2	轻风	1.6～3.3	0.16～6.8	人面感觉有风，树叶有微响，风标能转动
3	微风	3.4～5.4	7.2～18.2	树叶及微枝摇动不息，旌旗展开
4	和风	5.5～7.9	18.9～39	能吹起地面灰尘和纸张，树的小枝摇动
5	清风	8.0～10.7	40～71.6	有叶的小树摇摆，内陆的水面有小波
6	强风	10.8～13.8	72.9～119	大树叶枝摇摆，电线呼呼有声，举伞有困难
7	疾风	13.9～17.1	120～183	全树摇动，迎风行走感觉不便
8	大风	17.2～20.7	185～268	微枝折毁，人向前行感觉阻力甚大
9	烈风	20.8～24.4	270～372	建筑物有小损坏，烟囱顶部及屋顶瓦片移动
10	狂风	24.5～28.4	375～504	陆上少见，见时可使树木拔起或将建筑物摧毁
11	暴风	28.5～32.6	508～664	陆上很少，有则必是重大损毁
12	飓风	大于32.6	大于664	陆上绝少，其摧毁力极大

注：天气预报中为确定风力分级测量的风速是离地 10m 的平均风速。

附录 E
钢丝绳可能出现的缺陷的典型示例

注：为了引起重视，许多插图夸张性地显示了损伤状况，像图中示出的这种钢丝绳早就应该报废了。

图 E-1　交互捻钢丝绳两相邻绳股中的断丝及钢丝的位移——应报废

图 E-2　交互捻钢丝绳大量断丝伴随着严重的磨损——应立即报废

图 E-3　同向捻钢丝绳在一股中有断丝，并伴随着轻度的磨损——如果这种情况代表着最严重的缺陷，应继续使用（但断丝应剪去断开端，使钢丝的尾部处在绳股空隙之中，这样就可防止进一步损伤相邻的钢丝）

	磨损 外层钢丝轻度磨平，绳径略微减小（丝径减小10%属轻度）。	外部磨蚀表面刚开始氧化。（轻度）	
	各外层钢丝上磨平的长度有所增加（丝径减小15%属中度）。	钢丝触摸感觉粗糙，整个表面氧化。（中度）	
	钢丝上磨平面更长，影响到每股中所有隆起的钢丝。绳的尺寸明显减小（丝径减小25%属重度）。应密切注意其他报废标准。	氧化更为明显。（重度）	
	各钢丝被磨平的面几乎连成一片，绳股轻微变平且钢丝明显变细（丝径减小35%属极重），可以报废。还应仔细观察有无达到其他报废标准。如继续使用，则应增加检验次数。	钢丝表面已严重氧化。（极重）	
	磨平面相互衔接，钢丝变得松弛（丝径估计减小了40%，立即报废）。	表面出现深坑，钢丝相当松弛。（立即报废）	

图 E-4 交互捻钢丝绳的磨损和外部腐蚀的发展过程举例

图 E-5 靠近平衡滑轮的局部绳段，若干绳股有断丝
（有时断丝被滑轮挡住）——应报废

图 E-6 靠近平衡滑轮的局部绳段,在两支绳股上有断丝,同时出现因滑轮卡住而引起的局部严重磨损——应报废

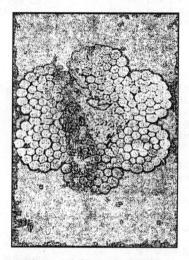

图 E-7 内部严重锈蚀示例:
绳股中许多外层钢丝的面积减小,这些钢丝与绳芯接触,明显地看出挤压严重且绳股的空隙减小——应立即报废

图 E-8 波浪形钢丝绳的纵向轴线呈螺旋状的一种变形。如果变形超过 GB/T 5972—200/ISO 4309:1990 第 3.5.10.1 条的规定值,钢丝绳应报废

图 E-9 多股绳的笼状 　　　图 E-10 钢芯挤出，
（乌笼形）畸变—— 　　　　通常伴随着邻近位置的
应立即报废 　　　　　　　笼状畸变——应立即报废

图 E-11 虽然对某一段长度的钢丝绳所作的检验表明，变形间距
（通常为捻距）尚有规律，但仅在一支绳股中有钢丝挤出

图 E-12 上述缺陷严重恶化——应立即报废
（打桩机用起重钢丝绳是一典型）

图 E-13　同向捻钢丝绳直径的局部增大：常由冲击载荷导致的钢芯畸变而引起——应立即报废

图 E-14　钢丝绳直径的局部增大：是由于纤维芯变质在外层股间突出而引起——应报废

图 E-15　严重扭结：钢丝绳搓捻过紧而引起纤维芯的突出——应立即报废

图 E-16 钢丝绳在安装时已遭到扭结但仍装上使用，以致产生局部磨损及钢丝松弛——应报废

图 E-17 绳径局部减小：由于外层绳股取代了已经散开的纤维绳芯而引起，注意尚有断丝——应立即报废

图 E-18 部分被压扁：是由于局部被压裂造成绳股间不平衡加之断丝而引起的——应报废

图 E-19 多股绳的部分被压扁：由于在卷筒上卷绕不当而造成。注意外层绳股的捻距增加的程度，在载荷状态下应力将处于不平衡——应报废

图 E-20 严重弯折之一例——应报废

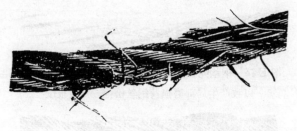

图 E-21 当钢丝绳已跳出滑轮绳槽并被楔住的典型示例:已经形成"部分被压扁"形式的变形并有局部磨损和许多断丝——应立即报废

图 E-22 若干种损坏因素累积的后果:特别注意外层钢丝的严重磨损导致钢丝的松弛,以致笼状畸变正在形成,并有若干处断丝——应立即报废

附 录 F
起重吊运指挥信号
(GB 5082—1985)

引言

为确保起重吊运安全,防止发生事故,适应科学管理的需要,特制订本标准。

本标准对现场指挥人员和起重机司机所使用的基本信号和有关安全技术作了统一规定。

本标准适用于以下类型的起重机械:

桥式起重机(包括冶金起重机)、门式起重机、装卸桥、缆索起重机、塔式起重机、门座起重机、汽车起重机、轮胎起重机、铁路起重机、履带起重机、浮式起重机、桅杆起重机、船用起重机等。

本标准不适用于矿井提升设备、载人电梯设备。

1 名词术语

通用手势信号——指各种类型的起重机在起重、吊运中普遍适用的指挥手势。

专用手势信号——指具有特殊的起升、变幅、回转机构的起重机单独使用的指挥手势。

吊钩(包括吊环、电磁吸盘、抓斗等)——指空钩以及负有载荷的吊钩。

起重机"前进"或"后退"——"前进"指起重机向指挥人员开来;"后退"指起重机离开指挥人员。

前、后、左、右——在指挥语言中,均以司机所在位置为基准。

音响符号：

"——"表示大于一秒钟的长声符号。

"●"表示小于一秒钟的短声符号。

"○"表示停顿的符号。

2 指挥人员使用的信号

2.1 手势信号

2.1.1 通用手势信号

2.1.1.1 "预备"（注意）

手臂伸直，置于头上方，五指自然伸开，手心朝前保持不动（图F-1）。

2.1.1.2 "要主钩"

单手自然握拳，置于头上，轻触头顶（图F-2）。

图 F-1　　　　　图 F-2

2.1.1.3 "要副钩"

一只手握拳，小臂向上不动，另一只手伸出，手心轻触前只手的肘关节（图F-3）。

2.1.1.4 "吊钩上升"

小臂向侧上方伸直，五指自然伸开，高于肩部，以腕部为轴转动（图F-4）。

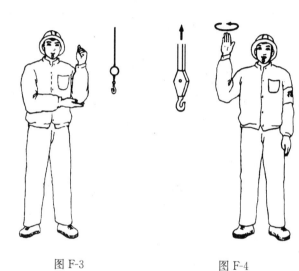

图 F-3　　　　　　　　图 F-4

2.1.1.5 "吊钩下降"

手臂伸向侧前下方，与身体夹角约为30°，五指自然伸开，以腕部为轴转动（图F-5）。

2.1.1.6 "吊钩水平移动"

小臂向侧上方伸直，五指并拢手心朝外，朝负载应运行的方向，向下挥动到与肩相平的位置（图F-6）。

2.1.1.7 "吊钩微微上升"

小臂伸向侧前上方，手心朝上高于

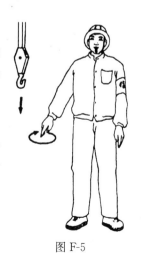

图 F-5

247

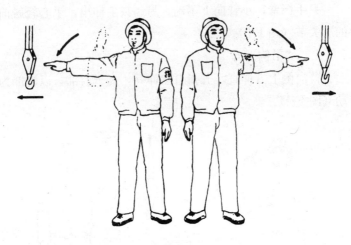

图 F-6

肩部,以腕部为轴,重复向上摆动手掌(图 F-7)。

2.1.1.8 "吊钩微微下降"

手臂伸向侧前下方,与身体夹角约为 30°,手心朝下,以腕部为轴,重复向下摆动手掌(图 F-8)。

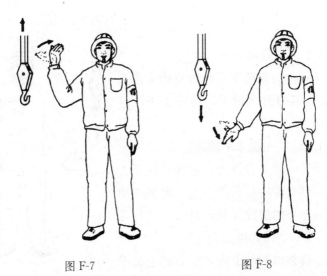

图 F-7   图 F-8

2.1.1.9 "吊钩水平微微移动"

小臂向侧上方自然伸出，五指并拢手心朝外，朝负载应运行的方向，重复做缓慢的水平运动（图F-9）。

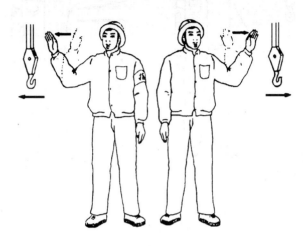

图 F-9

2.1.1.10 "微动范围"

双小臂曲起，伸向一侧，五指伸直，手心相对，其间距与负载所要移动的距离接近（图F-10）。

2.1.1.11 "指示降落方位"

五指伸直，指出负载应降落的位置（图F-11）。

2.1.1.12 "停止"

小臂水平置于胸前，五指伸开，手心朝下，水平挥向一侧（图F-12）。

2.1.1.13 "紧急停止"

两小臂水平置于胸前，五指伸开，手心朝下，同时水平挥向两侧（图F-13）。

2.1.1.14 "工作结束"

图 F-10

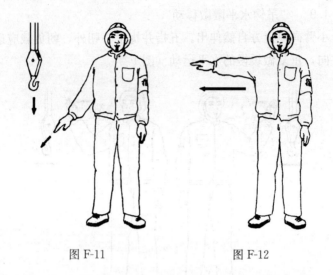

图 F-11　　　　　　图 F-12

双手五指伸开，在额前交叉（图 F-14）。

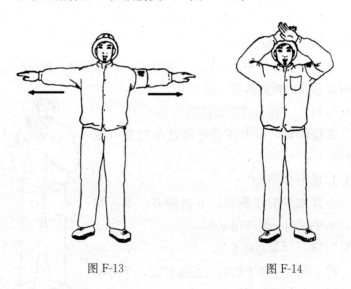

图 F-13　　　　　　图 F-14

2.1.2　专用手势信号

2.1.2.1　"升臂"

手臂向一侧水平伸直，拇指朝上，余指握拢，小臂向上摆动（图F-15）。

2.1.2.2 "降臂"

手臂向一侧水平伸直，拇指朝下，余指握拢，小臂向下摆动（图F-16）。

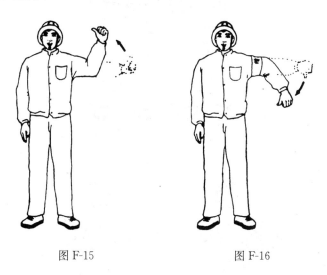

图F-15　　　　　　　图F-16

2.1.2.3 "转臂"

手臂水平伸直，指向应转臂的方向，拇指伸出，余指握拢，以腕部为轴转动（图F-17）。

2.1.2.4 "微微升臂"

一只小臂置于胸前一侧，五指伸直，手心朝下，保持不动。另一只手的拇指对着前手手心，余指握拢，做上下移动（图F-18）。

2.1.2.5 "微微降臂"

一只小臂置于胸前一侧，五指伸直，手心朝上，保持不动。另一只手的拇指对着前手手心，余指握拢，做上下移动（图F-19）。

图 F-17

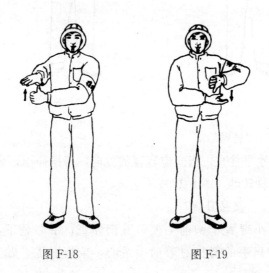

图 F-18　　　　　　图 F-19

2.1.2.6　"微微转臂"

　　一只小臂向前平伸,手心自然朝向内侧。另一只手的拇指指向前只手的手心,余指握拢做转动(图 F-20)。

2.1.2.7　"伸臂"

图 F-20

两手分别握拳，拳心朝上，拇指分别指向两侧，做相斥运动（图 F-21）。

2.1.2.8 "缩臂"

两手分别握拳，拳心朝下，拇指对指，做相向运动（图 F-22）。

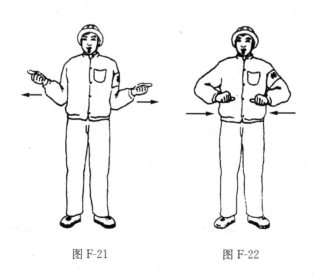

图 F-21　　　　图 F-22

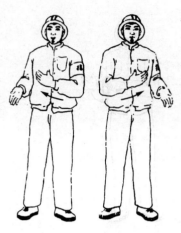

2.1.2.9 "履带起重机回转"

一只小臂水平前伸,五指自然伸出不动。另一只小臂在胸前作水平重复摆动(图F-23)。

2.1.2.10 "起重机前进"

双手臂先向前平伸,然后小臂曲起,五指并拢,手心对着自己,做前后运动(图F-24)。

2.1.2.11 "起重机后退"

双小臂向上曲起,五指并拢,手心朝向起重机,做前后运动(图F-25)。

图F-23

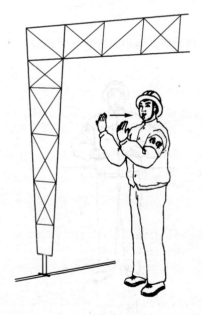

图F-24

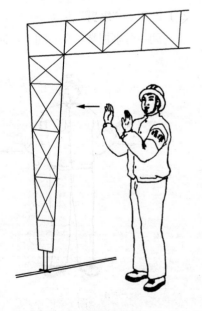

图F-25

2.1.2.12 "抓取"（吸取）

两小臂分别置于侧前方，手心相对，由两侧向中间摆动（图F-26）。

2.1.2.13 "释放"

两小臂分别置于侧前方，手心朝外，两臂分别向两侧摆动（图F-27）。

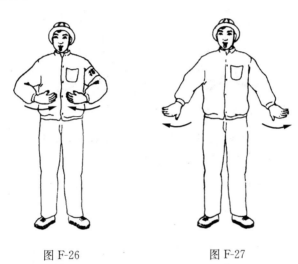

图 F-26　　　　　　　　图 F-27

2.1.2.14 "翻转"

一小臂向前曲起，手心朝上。另一小臂向前伸出，手心朝下，双手同时进行翻转（图F-28）。

2.1.3 船用起重机（或双机吊运）专用手势信号

2.1.3.1 "微速起钩"

两小臂水平伸向侧前方，五指伸开，手心朝上，以腕部为轴，向上摆动。当要求双机以不同的速度起升时，指挥起升速度快的一方，手要高于另一只手（图F-29）。

2.1.3.2 "慢速起钩"

两小臂水平伸向侧前方，五指伸开，手心朝上，小臂以肘部

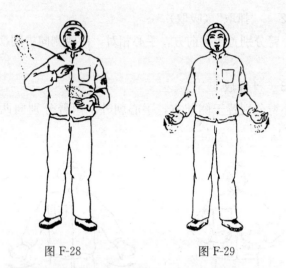

图 F-28　　　　　　　图 F-29

为轴向上摆动。当要求双机以不同的速度起升时,指挥起升速度快的一方,手要高于另一只手(图 F-30)。

2.1.3.3　"全速起钩"

两臂下垂,五指伸开,手心朝上,全臂向上挥动(图 F-31)。

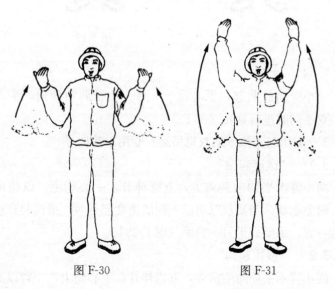

图 F-30　　　　　　　图 F-31

2.1.3.4 "微速落钩"

两小臂水平伸向侧前方,五指伸开,手心朝下,手以腕部为轴向下摆动。当要求双机以不同的速度降落时,指挥降落速度快的一方,手要低于另一只手(图 F-32)。

2.1.3.5 "慢速落钩"

两小臂水平伸向侧前方,五指伸开,手心朝下,小臂以肘部为轴向下摆动。当要求双机以不同的速度降落时,指挥降落速度快的一方,手要低于另一只手(图 F-33)。

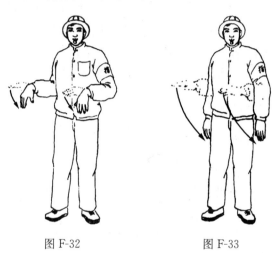

图 F-32　　　　　　图 F-33

2.1.3.6 "全速落钩"

两臂伸向侧上方,五指伸出,手心朝下,全臂向下挥动(图 F-34)。

2.1.3.7 "一方停止,一方起钩"

指挥停止的手臂作"停止"手势;指挥起钩的手臂则作相应速度的起钩手势(图 F-35)。

2.1.3.8 "一方停止,一方落钩"

指挥停止的手臂作"停止"手势;指挥落钩的手臂则作相应速度的落钩手势(图 F-36)。

图 F-34

图 F-35

2.2 旗语信号
2.2.1 "预备"
单手持红绿旗上举（图 F-37）。

图 F-36

2.2.2 "要主钩"
单手持红绿旗，旗头轻触头顶（图 F-38）。

2.2.3 "要副钩"
一只手握拳，小臂向上不动，另一只手拢红绿旗，旗头轻触前只手的肘关节（图 F-39）。

2.2.4 "吊钩上升"
绿旗上举，红旗自然放下（图 F-40）。

2.2.5 "吊钩下降"

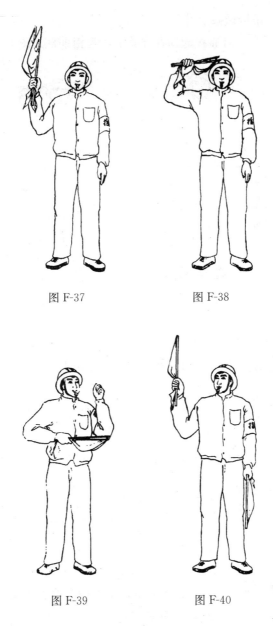

图 F-37　　　　　　　图 F-38

图 F-39　　　　　　　图 F-40

绿旗拢起下指，红旗自然放下（图 F-41）。

2.2.6 "吊钩微微上升"

绿旗上举,红旗拢起横在绿旗上,互相垂直(图F-42)。

图 F-41　　　　　　图 F-42

2.2.7 "吊钩微微下降"

绿旗拢起下指,红旗横在绿旗下,互相垂直(图F-43)。

2.2.8 "升臂"

红旗上举,绿旗自然放下(图F-44)。

2.2.9 "降臂"

红旗拢起下指,绿旗自然放下(图F-45)。

2.2.10 "转臂"

红旗拢起,水平指向应转臂的方向(图F-46)。

2.2.11 "微微升臂"

红旗上举,绿旗拢起横在红旗上,互相垂直(图F-47)。

图 F-43

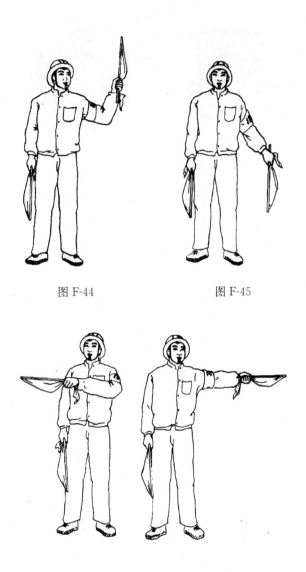

图 F-44　　　　　　图 F-45

图 F-46

2.2.12 "微微降臂"

红旗拢起下指，绿旗横在红旗下，互相垂直（图 F-48）。

图 F-47　　　　　图 F-48

2.2.13 "微微转臂"

红旗拢起，横在腹前，指向应转臂的方向；绿旗拢起，横在红旗前，互相垂直（图 F-49）。

图 F-49

2.2.14 "伸臂"

两旗分别拢起，横在两侧，旗头外指（图 F-50）。

2.2.15 "缩臂"

两旗分别拢起，横在胸前，旗头对指（图 F-51）。

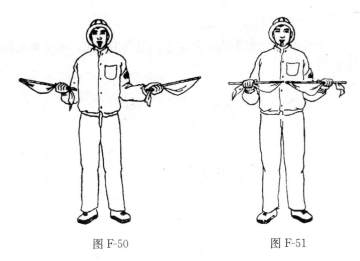

图 F-50　　　　　　　图 F-51

2.2.16 "微动范围"

两手分别拢旗，伸向一侧，其间距与负载所要移动的距离接近（图 F-52）。

2.2.17 "指示降落方位"

单手拢绿旗，指向负载应降落的位置，旗头进行转动（图 F-53）。

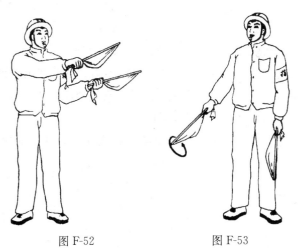

图 F-52　　　　　　　图 F-53

2.2.18 "履带起重机回转"

一只手拢旗,水平指向侧前方,另只手持旗,水平重复挥动(图F-54)。

图 F-54

2.2.19 "起重机前进"

两旗分别拢起,向前上方伸出,旗头由前上方向后摆动(图F-55)。

2.2.20 "起重机后退"

两旗分别拢起,向前伸出,旗头由前方向下摆动(图F-56)。

2.2.21 "停止"

单旗左右摆动,另外一面旗自然放下(图F-57)。

2.2.22 "紧急停止"

双手分别持旗,同时左右摆动(图F-58)。

图 F-55

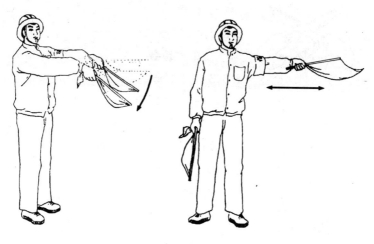

图 F-56　　　　　图 F-57

图 F-58

2.2.23 "工作结束"

两旗拢起，在额前交叉（图 F-59）。

2.3 音响信号

2.3.1 "预备"、"停止"

一长声──

2.3.2 "上升"

二短声●●

2.3.3 "下降"

三短声●●●

2.3.4 "微动"

断续短声●○●○●○●

2.3.5 "紧急停止"

急促的长声──

2.4 起重吊运指挥语言

2.4.1 开始、停止工作的语言

图 F-59

起重机的状态	指挥语言	起重机的状态	指挥语言
开始工作	开始	工作结束	结束
停止和紧急停止	停		

2.4.2 吊钩移动语言

吊钩的移动	指挥语言	吊钩的移动	指挥语言
正常上升	上升	正常向后	向后
微微上升	上升一点	微微向后	向后一点
正常下降	下降	正常向右	向右
微微下降	下降一点	微微向右	向右一点
正常向前	向前	正常向左	向左
微微向前	向前一点	微微向左	向左一点

2.4.3 转台回转语言

转台的回转	指挥语言	转台的回转	指挥语言
正常右转	右转	正常左转	左转
微微右转	右转一点	微微左转	左转一点

2.4.4 臂架移动语言

臂架的移动	指挥语言	臂架的移动	指挥语言
正常伸长	伸长	正常升臂	升臂
微微伸长	伸长一点	微微升臂	升一点臂
正常缩回	缩回	正常降臂	降臂
微微缩回	缩回一点	微微降臂	降一点臂

3 司机使用的音响信号

3.1 "明白"——服从指挥
一短声●

3.2 "重复"——请求重新发出信号
二短声●●

3.3 "注意"
长声————

4 信号的配合应用

4.1 指挥人员使用音响信号与手势或旗语信号的配合

4.1.1 在发出2.3.2"上升"音响时,可分别与"吊钩上升"、"升臂"、"伸臂"、"抓取"手势或旗语相配合。

4.1.2 在发出2.3.3"下降"音响时,可分别与"吊钩下降"、"降臂"、"缩臂"、"释放"手势或旗语相配合。

4.1.3 在发出2.3.4"微动"音响时,可分别与"吊钩微微上升"、"吊钩微微下降"、"吊钩水平微微移动"、"微微升臂"、"微微降臂"手势或旗语相配合。

4.1.4 在发出2.3.5"紧急停止"音响时,可与"紧急停止"手势或旗语相配合。

4.1.5 在发出2.3.1音响信号时,均可与上述未规定的手势或旗语相配合。

4.2 指挥人员与司机之间的配合

4.2.1 指挥人员发出"预备"信号时,要目视司机,司机接到信号在开始工作前,应回答"明白"信号。当指挥人员听到回答信号后,方可进行指挥。

4.2.2 指挥人员在发出"要主钩"、"要副钩"、"微动范围"手势或旗语时,要目视司机,同时可发出"预备"音响信号,司机接到信号后,要准确操作。

4.2.3 指挥人员在发出"工作结束"的手势或旗语时,要目视司机,同时可发出"停止"音响信号,司机接到信号后,应回答"明白"信号方可离开岗位。

4.2.4 指挥人员对起重机械要求微微移动时,可根据需要,重复给出信号。司机应按信号要求,缓慢平稳操纵设备。除此以外,如无特殊要求(如船用起重机专用手势信号),其他指挥信号,指挥人员都应一次性给出。司机在接到下一个信号前,必须按原指挥信号要求操纵设备。

5 对指挥人员和司机的基本要求

5.1 对使用信号的基本规定

5.1.1 指挥人员使用手势信号均以本人的手心、手指或手臂表示吊钩、臂杆和机械位移的运动方向。

5.1.2 指挥人员使用旗语信号均以指挥旗的旗头表示吊钩、臂杆和机械位移的运行方向。

5.1.3 在同时指挥臂杆和吊钩时,指挥人员必须分别用左手指挥臂杆,右手指挥吊钩。当持旗指挥时,一般左手持红旗指挥臂杆,右手持绿旗指挥吊钩。

5.1.4 当两台或两台以上起重机同时在距离较近的工作区域内工作时,指挥人员使用音响信号的音调应有明显区别,并要配合手势或旗语指挥。严禁单独使用相同音调的音响指挥。

5.1.5 当两台或两台以上起重机同时在距离较近的工作区域内

工作时，司机发出的音响应有明显区别。

5.1.6 指挥人员用"起重吊运指挥语言"指挥时，应讲普通话。

5.2 指挥人员的职责及其要求

5.2.1 指挥人员应根据本标准的信号要求与起重机司机进行联系。

5.2.2 指挥人员发出的指挥信号必须清晰、准确。

5.2.3 指挥人员应站在使司机能看清指挥信号的安全位置上。当跟随负载运行指挥时，应随时指挥负载避开人员和障碍物。

5.2.4 指挥人员不能同时看清司机和负载时，必须增设中间指挥人员以便逐级传递信号，当发现错传信号时，应立即发出停止信号。

5.2.5 负载降落前，指挥人员必须确认降落区域安全时，方可发出降落信号。

5.2.6 当多人绑挂同一负载时，起吊前，应先做好呼唤应答，确认绑挂无误后，方可由一人负责指挥。

5.2.7 同时用两台起重机吊运同一负载时，指挥人员应双手分别指挥各台起重机，以确保同步吊运。

5.2.8 在开始起吊负载时，应先用"微动"信号指挥，待负载离开地面 100～200mm 稳妥后，再用正常速度指挥。必要时，在负载降落前，也应使用"微动"信号指挥。

5.2.9 指挥人员应佩戴鲜明的标志，如标有"指挥"字样的臂章、特殊颜色的安全帽、工作服等。

5.2.10 指挥人员所戴手套的手心和手背要易于辨别。

5.3 起重机司机的职责及其要求

5.3.1 司机必须听从指挥人员指挥，当指挥信号不明时，司机应发出"重复"信号询问，明确指挥意图后，方可开车。

5.3.2 司机必须熟练掌握本标准规定的通用手势信号和有关的

各种指挥信号,并与指挥人员密切配合。

5.3.3 当指挥人员所发信号违反本标准的规定时,司机有权拒绝执行。

5.3.4 司机在开车前必须鸣铃示警,必要时,在吊运中也要鸣铃,通知受负载威胁的地面人员撤离。

5.3.5 在吊运过程中,司机对任何人发出的"紧急停止"信号都应服从。

6 管理方面的有关规定

6.1 对起重机司机和指挥人员,必须由有关部门进行本标准的安全技术培训,经考试合格,取得合格证后方能操作或指挥。

6.2 音响信号是手势信号或旗语的辅助信号,使用单位可根据工作需要确定是否采用。

6.3 指挥旗颜色为红、绿色。应采用不易退色、不易产生褶皱的材料。其规格:面幅应为400mm×500mm,旗杆直径应为25mm,旗杆长度应为500mm。

6.4 本标准所规定的指挥信号是各类起重机使用的基本信号。如不能满足需要,使用单位可根据具体情况,适当增补,但增补的信号不得与本标准有抵触。

附录 G
建筑起重机械司机（塔式起重机）
安全技术考核大纲（试行）

1 安全技术理论

1.1 安全生产基本知识

1.1.1 了解建筑安全生产法律法规和规章制度；

1.1.2 熟悉有关特种作业人员的管理制度；

1.1.3 掌握从业人员的权利义务和法律责任；

1.1.4 熟悉高处作业安全知识；

1.1.5 掌握安全防护用品的使用；

1.1.6 熟悉安全标志、安全色的基本知识；

1.1.7 了解施工现场消防知识；

1.1.8 了解现场急救知识；

1.1.9 熟悉施工现场安全用电基本知识。

1.2 专业基础知识

1.2.1 了解力学基本知识；

1.2.2 了解电工基础知识；

1.2.3 熟悉机械基础知识；

1.2.4 了解液压传动知识。

1.3 专业技术理论

1.3.1 了解塔式起重机的分类；

1.3.2 熟悉塔式起重机的基本技术参数；

1.3.3 熟悉塔式起重机的基本构造与组成；

1.3.4 熟悉塔式起重机的基本工作原理；

1.3.5 熟悉塔式起重机的安全技术要求；

1.3.6 熟悉塔式起重机安全防护装置的结构、工作原理;

1.3.7 了解塔式起重机安全防护装置的维护保养、调试;

1.3.8 熟悉塔式起重机试验方法和程序;

1.3.9 熟悉塔式起重机常见故障的判断与处置方法;

1.3.10 熟悉塔式起重机的维护与保养的基本常识;

1.3.11 掌握塔式起重机主要零部件及易损件的报废标准;

1.3.12 掌握塔式起重机的安全技术操作规程;

1.3.13 了解塔式起重机常见事故原因及处置方法;

1.3.14 掌握《起重吊运指挥信号》GB 5082 内容。

2 安全操作技能

2.1 掌握吊起水箱定点停放操作技能

2.2 掌握吊起水箱绕木杆运行和击落木块的操作技能

2.3 掌握常见故障识别判断的能力

2.4 掌握塔式起重机吊钩、滑轮和钢丝绳的报废标准

2.5 掌握识别起重吊运指挥信号的能力

2.6 掌握紧急情况处置技能

附 录 H
建筑起重机械司机（塔式起重机）
安全操作技能考核标准（试行）

1 起吊水箱定点停放（图 H-1、表 H-1）

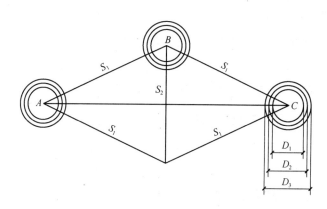

图 H-1　水箱定点停放平面示意图

起吊水箱定点停放参数　　　　　　　　表 H-1

起重机高度 (m)	S_1	S_2	D_1	D_2	D_3
$20 \leqslant H \leqslant 30$	18m	13m	1.7m	1.9m	2.1m

1.1 考核设备和器具

1.1.1 设备：固定式 QTZ 系列塔式起重机 1 台，起升高度在 20m 以上 30m 以下。

1.1.2 吊物：水箱 1 个。水箱边长 1000mm×1000mm×1000mm，水面距箱口 200mm，吊钩距箱口 1000mm。

1.1.3 其他器具：起重吊运指挥信号用红、绿色旗 1 套，指挥用哨子 1 只，计时器 1 个。

1.1.4 个人安全防护用品。

1.2 考核方法

考生接到指挥信号后,将水箱由 A 处吊起,先后放入 B 圆、C 圆内,再将水箱由 C 处吊起,返回放入 B 圆、A 圆内,最后将水箱由 A 处吊起,直接放入 C 圆内。水箱由各处吊起时均距地面 4000mm,每次下降途中准许各停顿二次。

1.3 考核时间:4min。

1.4 考核评分标准

满分 40 分。考核评分标准见表 H-2。

考核评分标准表　　　　表 H-2

序号	扣 分 项 目	扣分值
1	送电前,各控制器手柄未放在零位的	5 分
2	作业前,未进行空载运转的	5 分
3	回转、变幅和吊钩升降等动作前,未发出音响信号示意的	5 分/次
4	水箱出内圆(D_1)的	2 分
5	水箱出中圆(D_2)的	4 分
6	水箱出外圆(D_3)的	6 分
7	洒水的	1~3 分/次
8	未按指挥信号操作的	5 分/次
9	起重臂和重物下方有人停留、工作或通过,未停止操作的	5 分
10	停机时,未将每个控制器拨回零位的,未依次断开各开关的,未关闭操纵室门窗的	5 分/项

2 起吊水箱绕木杆运行和击落木块(图 H-2、表 H-3)

起吊水箱绕木杆运行和击落木块平面示意图参数值　　表 H-3

起重机高度(m)	R	S_1	S_2	S_3
20≤H≤30	19m	15m	2.0m	2.5m

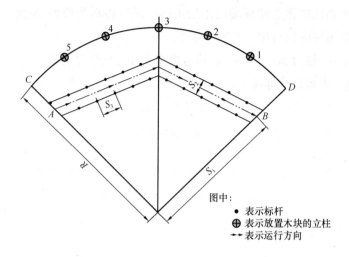

图 H-2 起吊水箱击落木块平面示意图

2.1 考核设备和器具

2.1.1 设备：固定式 QTZ 系列塔式起重机 1 台，起升高度在 20m 以上 30m 以下。

2.1.2 吊物：水箱 1 个。水箱边长 1000mm×1000mm×1000mm，水面距箱口 200mm，吊钩距箱口 1000mm。

2.1.3 标杆 23 根，每根高 2000mm，直径 20～30mm；底座 23 个，每个直径 300mm，厚度 10mm。

2.1.4 立柱 5 根，高度依次为 1000、1500、1800、1500、1000mm，均匀分布在 CD 弧上；立柱顶端分别立着放置 200mm×200mm×300mm 的木块；

2.1.5 其他器具：起重吊运指挥信号用红、绿色旗 1 套，指挥用哨子 1 只，计时器 1 个。

2.1.6 个人安全防护用品。

2.2 考核方法

考生接到指挥信号后，将水箱由 A 处吊离地面 1000mm，按图 H-2 所示路线在杆内运行，行至 B 处上方，即反向旋转，并用水箱依次将立柱顶端的木块击落,最后将水箱放回 A 处。在击落木块的运行途中不准开倒车。

2.3 考核时间:4min。具体可根据实际考核情况调整。

2.4 考核评分标准

满分 40 分。考核评分标准见表 H-4。

考核评分标准表　　　　　表 H-4

序号	扣分项目	扣分值
1	送电前,各控制器手柄未放在零位的	5 分
2	作业前,未进行空载运转的	5 分
3	回转、变幅和吊钩升降等动作前,未发出音响信号示意的	5 分/次
4	碰杆的	2 分/次
5	碰倒杆的	3 分/次
6	碰立柱的	3 分/次
7	未击落木块的	3 分/个
8	未按指挥信号操作的	5 分/次
9	起重臂和重物下方有人停留、工作或通过,未停止操作的	5 分
10	停机时,未将每个控制器拨回零位的,未依次断开各开关的,未关闭操纵室门窗的	5 分/项

3 故障识别判断

3.1 考核设备和器具

3.1.1 塔式起重机设置安全限位装置失灵、制动器失效等故障或图示、影像资料。

3.1.2 其他器具:计时器 1 个。

3.2 考核方法

由考生识别判断安全限位装置失灵、制动器失效等故障或图示、影像资料(对每个考生只设置一种)。

3.3 考核时间:10min。

3.4 考核评分标准

满分5分。在规定时间内正确识别判断的,得5分。

4 零部件的判废

4.1 考核器具

4.1.1 塔式起重机零部件(吊钩、钢丝绳、滑轮等)实物或图示、影像资料(包括达到报废标准和有缺陷的)。

4.1.2 其他器具:计时器一个。

4.2 考核方法

从塔式起重机零部件实物或图示、影像资料中随机抽取2件(张),由考生判断其是否达到报废标准并说明原因。

4.3 考核时间:5min。

4.4 考核评分标准

满分5分。在规定时间内正确判断并说明原因的,每项得2.5分;判断正确但不能准确说明原因的,每项得1.5分。

5 识别起重吊运指挥信号

5.1 考核器具

5.1.1 起重吊运指挥信号图示、影像资料等。

5.1.2 其他器具:计时器1个。

5.2 考核方法

考评人员做5种起重吊运指挥信号,由考生判断其代表的含义;或从一组指挥信号图示、影像资料中随机抽取5张,由考生回答其代表的含义。

5.3 考核时间:5min。

5.4 考核评分标准

满分5分。在规定时间内每正确回答一项,得1分。

6 紧急情况处置

6.1 考核器具

6.1.1 设置塔式起重机钢丝绳意外卡住、吊装过程中遇到障碍物等紧急情况或图示、影像资料;

6.1.2 其他器具:计时器1个。

6.2 考核方法

由考生对钢丝绳意外卡住、吊装过程中遇到障碍物等紧急情况或图示、影像资料中所示的紧急情况进行描述,并口述处置方法。对每个考生设置一种。

6.3 考核时间:10min。

6.4 考核评分标准

满分5分。在规定时间内对存在的问题描述正确并正确叙述处置方法的,得5分;对存在的问题描述正确,但未能正确叙述处置方法的,得3分。

参 考 文 献

[1] 刘佩衡. 塔式起重机使用手册. 北京：机械工业出版社，2002.
[2] 帅长红. 建筑施工机械. 北京：地震出版社，2003.
[3] 方圆集团，山东建筑工程学院. 建设机械设计制造与应用. 北京：人民交通出版社，2001.
[4] 孙恒，陈作模. 机械原理. 北京：高等教育出版社，2005.
[5] 章宏甲，黄谊. 液压传动. 北京：机械工业出版社，2001.
[6] 吕千，澎高坚. 进网作业电工培训教材. 沈阳：辽宁科学技术出版社，1992.
[7] 张凤山，董红光. 塔式起重机构造与维修. 北京：人民邮电出版社，2007.